旱（涝）胁迫下施氮对玉米生长和产量的影响

漆栋良　著

中国水利水电出版社
www.waterpub.com.cn
·北京·

内 容 提 要

本书共 13 章，主要内容包括：概述；研究内容、技术路线与研究方案；不同灌水施氮方式对玉米产量形成、干物质积累、水分利用，玉米根系生长分布，玉米氮素吸收、利用及肥料氮去向，以及玉米叶片衰老特性的影响；交替隔沟灌溉下，灌水下限和施氮水平对玉米生长及产量、玉米水氮吸收和利用的影响，以及交替隔沟灌溉条件下玉米灌溉制度研究；拔节期淹水与施氮量互作对玉米叶片衰老特性、生长和产量的影响，以及拔节期淹水条件下施氮量对玉米干物质积累和氮素吸收利用的影响；结论与建议。

本书可为从事玉米耐非生物胁迫、育种、栽培、灌溉排水及施肥管理等相关研究的学者和生产者提供理论参考，也可供农业水土工程、植物营养学和农学等相关专业的研究生参考使用。

图书在版编目（CIP）数据

旱（涝）胁迫下施氮对玉米生长和产量的影响 / 漆栋良著. -- 北京 : 中国水利水电出版社, 2025. 6.
ISBN 978-7-5226-3456-2

Ⅰ. S513.062

中国国家版本馆CIP数据核字第20255DR857号

书　　名	**旱（涝）胁迫下施氮对玉米生长和产量的影响** HAN (LAO) XIEPO XIA SHIDAN DUI YUMI SHENGZHANG HE CHANLIANG DE YINGXIANG	
作　　者	漆栋良　著	
出版发行	中国水利水电出版社 （北京市海淀区玉渊潭南路 1 号 D 座　100038） 网址：www. waterpub. com. cn E - mail：sales@mwr. gov. cn 电话：（010）68545888（营销中心）	
经　　售	北京科水图书销售有限公司 电话：（010）68545874、63202643 全国各地新华书店和相关出版物销售网点	
排　　版	中国水利水电出版社微机排版中心	
印　　刷	天津嘉恒印务有限公司	
规　　格	170mm×240mm　16 开本　10.25 印张　201 千字	
版　　次	2025 年 6 月第 1 版　2025 年 6 月第 1 次印刷	
定　　价	**52.00 元**	

前言

玉米是我国第一大作物,年总产量占全球23%。近年来,我国玉米进口快速增长,2021年达到2835万t的峰值。由于耕地面积有限,我国玉米生产能否通过持续提高单产来实现自给自足,对于保障全球粮食安全具有重要意义。旱(涝)胁迫是影响玉米生长及单位面积产量的关键决定因子。此外,氮素在维持玉米正常生长和抗旱(涝)胁迫方面发挥重要作用。因此,研究旱(涝)条件下施氮对玉米生长和产量的影响及其机制具有重要的理论与现实意义。

本书以玉米与研究对象,第3~8章研究了隔沟交替灌溉条件下氮肥管理(施氮方式、施氮量)对土壤硝态氮含量及含水率时空分布、玉米根长、根干质量、根面积、根系活力、株高、茎粗、叶面积指数、干物质积累与分配、叶片抗氧化酶及氮代谢关键酶活性、丙二醛、叶绿素、可溶性蛋白、脯氨酸及可溶性糖含量、收获指数、产量及其构成(穗数、穗粒数和千粒质量)、耗水量、灌溉水利用效率、水分利用效率、吸氮量、氮收获指数、氮肥利用效率等的影响,解析了玉米水氮利用效率与生理生态特性变化间的内在联系,阐明了局部灌水条件下玉米水氮高效耦合的机制及模式。第9章研究了局部灌水施氮条件下玉米灌溉制度,提出节水高产的优化灌溉制度。第10~12章研究了涝胁迫下施氮量对玉米根长、根干质量、根面积、根系活力、株高、茎粗、叶面积指数、干物质积累与分配、叶片抗氧化酶及氮代谢关键酶活性、丙二醛、可溶性蛋白及可溶性糖含量、收获指数、产量及其构成(穗数、穗粒数和千粒质量)的影响,探究了产量形成与生理生态特性变化间的关系,揭示了涝胁迫条件下施氮量调控玉米产量的生理机制。

本书汇聚了作者多年的研究成果,在研究过程中得到了许多专家和学者的大力支持和帮助。在此由衷地感谢西北农林科技大学水利与建筑工程学院胡田田教授和长江大学农学院朱建强教授对本研究工作的指导和帮助！感谢河南科技大学农业装备工程学院牛晓丽副教授，长江大学农学院侯俊副教授、杨军副教授，浙江水利水电学院水利工程学院徐存东教授、黄赛花副教授、段永刚副教授、陈思副教授、丁春梅副教授、岳文俊博士的支持和帮助。本书得到了国家自然科学基金项目（51079124、51809006）、农业农村部商丘实验站开放基金项目（FIRI2018－07－01）和浙江水利水电学院高层次人才项目（88106324060）的资助，在此一并表示感谢！

由于作者水平有限，书中难免存在不妥之处，敬请批评指正。

作者

2024 年 12 月

目录

第 1 章

概　　述

　　作物根系分区交替灌溉（alternate partial root zone irrigation，APRI）自提出以来得到了广泛的应用，取得了良好的节水效益。除灌溉外，当今农业生产中，氮肥的使用起着关键作用，且其用量越来越大。有研究表明，氮肥利用率与水氮管理（灌水量及灌水方式、施氮量及施氮方式）密切相关（Xu et al.，1999）。然而，APRI 下水氮耦合效应的机制尚受到较少关注。

　　关于植物对养分局部供应的响应研究方面，20 世纪 70 年代初，通过水培或盆栽试验，Forde et al.（2001）研究发现局部养分供应促进根系在局部范围（养分富集）内生长，而其他部分的根系生长受到抑制。胡田田等（2005）发现根区局部施氮能够促进作物生长、提高水分利用效率（water use efficiency，WUE）。半湿润地区，刘小刚等（2008）研究了大田条件下供氮位置对夏玉米产量及氮素利用的影响，发现水氮异区比水氮同区的籽粒产量高。

　　适宜的水分条件和合理的养分供应是实现作物高产优质的关键，水分胁迫或养分缺乏以及二者供应的不协调均不利于作物生长。随着全球气候条件的变化，干旱灾害频繁发生，严重影响着农业生产。目前，我国农田灌溉水利用系数为 0.5 左右，而发达国家已经达到 0.7～0.9，农业生产过程中存在着严重的水资源浪费现象。同时，我国化肥利用率低下，氮肥当季利用率不足 30％。这一方面造成农业资源的极大浪费，另一方面严重污染环境。如何通过水肥联合调控充分挖掘作物自身对水分、养分等环境因子的适应潜力，实现产量和资源利用效率的协同提升，这成为大家关注的焦点问题。

　　水和氮都是限制玉米生长的重要因素。1973 年，Drew 提出旱地作物种植的基本问题是如何通过合理施肥提高其对土壤水分的利用效率，水氮耦合由此引起重视并在之后的半个多世纪的时间里慢慢被应用于玉米种植领域。水肥耦合效应（coupling effects of water and fertilizers）是指农业生态中土壤矿质营养与水分相互影响、相互制约，并能够组成一个最优组提高作物的产量和质量的现象（Li et al.，2009）。水肥耦合会产生 3 种结果，即协同效应，叠加效应和拮抗效应（胡梦芸 等，2016）。水肥之间的耦合效应也是旱地"以肥调水""以水促肥"的理论基础。因此，重视水肥之间的耦合与互作调控关系，使其表现出最大的增产效应，是解决干旱、半干旱地区种植业持续发展的重要前提和基础。

　　近年来，随着全球气候的日益变化，涝灾害频发，对农作物的生长及生产造成了严重危害。据估计，全球约有 12% 的耕地易受涝胁迫的影响，导致作物减产 20% 左右（Voesenek et al.，2013）。我国长江流域和黄淮海平原是涝灾害的多发区，约占全国受灾面积的 75%（时明芝 等，2006）。研究表明，植物受涝胁迫后，生长速率减慢，生物量积累降低，株高和根系生长缓慢（Engelaar et al.，2000；Ren et al.，2016）。此外，涝胁迫导致作物根系活力、叶片气孔导度（G_s）、叶绿素含量和净光合速率（P_n）降低，随着涝胁迫程度的增加，抑制程度增大（Men et al.，2020；Tian et al.，2021）。同时，涝胁迫破坏植物体内活性氧代谢系统（reactive oxygen metabolism system，ROS）的平衡，使超氧化物歧化酶（superoxide dismutase，SOD）、过氧化物酶（peroxidase，POD）和过氧化氢酶（catalase，CAT）、谷氨酰胺合成酶（glutamine synthetase，GS）和硝酸还原酶（nitrate reductase，NR）活性降低、可溶性蛋白、玉米素核苷（zeatin riboside，ZR）、赤霉素（gibberellin，GA）和生长素（auxin，IAA）含量降低，丙二醛（malonaldehyde，MDA）和脱落酸（abscisic acid，ABA）含量增加，表现为叶片的衰老加剧，进而降低作物产量（Araki et al.，2012；Ren et al.，2020；郭文琦 2009）。

　　氮元素是植物生理代谢过程中最重要也是最不可或缺的营养元素，是植物体内各种蛋白质、辅酶以及色素分子等的重要组成成分（王启现 等，2006）。随着对植物抗逆性生理生化研究机制的不断深入，氮素在栽培中对作物抗逆性的调控作用也越来越引起人们的重视。研究表明，轻度或中度涝胁迫条件下，适量增施氮肥可以提高棉花、油菜和玉米对涝胁迫的适应能力，表现为改善抗氧化酶活性、光合性能和可溶性蛋白含量，提高产量和吸氮量（Men et al.，2020；郭文琦，2009）。然而，也有研究表明，长期淹水（21 天）胁迫下高氮处理使玉米的叶绿素含量、P_n 和 G_s 的下降更加明显（Ashraf，1999）。可见，在一定胁迫范围内，氮肥对涝胁迫下作物生长和产量有积极的调控作用。

　　玉米是全球也是我国第一大作物，在保障国家粮食安全中占有重要地位。玉米对光、热、水、肥等资源的利用效率较高，适应性广，生长期短，产量高，又是多熟制中承上启下的重要作物，在全国农业结构适应性调整中具有重要的作用（葛均筑 等，2016）。同时，它是一种高耗水但不耐涝的作物，其生长对土壤水分条件较为敏感（Ren et al.，2016；漆栋良 等，2019）。因此，研究旱（涝）胁迫对玉米生长和产量的影响及其氮肥调控机制对保障国家粮食安全具有重要意义。

本书研究了局部灌水施氮方式对玉米根系生长、干物质积累及分配、叶片衰老特性、产量和水氮利用效率的影响，明确了局部灌溉条件下玉米氮肥高效管理模式；在此基础上研究了 APRI 下不同灌水下限和施氮水平对玉米叶面积指数、干物质积累及分配、产量及水氮利用效率的影响，揭示 APRI 下玉米水氮高效耦合的生理机制。研究了拔节期涝胁迫下施氮量对玉米株高、叶面积指数、叶片衰老特性、产量、氮素吸收及利用的影响，揭示了施氮调控玉米抗渍水能力的生理机制。研究结果对提高玉米抗旱（涝）胁迫能力及科学氮肥管理提供了一定理论依据。

1.1　国内外研究现状

1.1.1　分根区交替灌溉技术（APRI）

APRI 技术自提出以来，国内外学者进行了大量的研究，证明该技术在农业生产实践中能够很好地利用有限的水资源，切实提高水分利用效率，是一种切实有效的节水灌溉技术。在石羊河地区，APRI 技术也得到了广泛的应用，取得了良好的社会、经济效益（康绍忠，2004；柴强，2010）。

控制性分根区交替灌溉是人为保持根系活动层的土壤在水平或垂直剖面某个区域干燥，同时通过人工控制使根系在水平或垂直剖面上的干燥区和湿润区交替出现，即始终保持作物部分根系生长在干燥或较为干燥的土壤区域中的一种新的节水灌溉方法（康绍忠 等，2002）。

1.1.1.1　APRI 的理论依据

（1）生物节水依据：①通过降低气孔导度以及叶片生长等来抑制作物的奢侈蒸腾以及降低植物的营养生长，提高收获指数；②可以刺激根系的补偿功能，提高根系传导能力。因此，在节约大量水分的前提下，而作物的经济产量降低不显著（Dry et al.，1998；Kang et al.，2004；Liu et al.，2005）。

（2）地面灌溉节水依据：交替隔沟灌溉可使得湿润区向干燥区的侧向水分运动增加，减少棵间土壤蒸发和根区深层渗漏，提高土壤水分在根区的有效性（Tang et al.，2010）。

目前，在生产实践中应用比较广泛的是按水平方向将作物根系分为两部分，在一定时段内轮换向两部分供水（潘英华 等，2000），如田间隔沟交替灌溉系统、田间控制性分区滴灌系统、自动性控制交替滴灌系统、控制性隔管渗灌系统等。另一种供水方式是将作物根系在垂直方向上分为不同的部分，在一定时段内交替供水（Kang et al.，2002）。

Grimes et al.（1968）研究发现，棉花在隔沟灌溉的灌水量减少 23% 的前提下，皮棉产量比常规沟灌还要高。潘英华等（2000）发现，APRI 在维持目标产量相同的情况下可较常规沟灌省水 33.3%。Kang et al.（2000）发现，与传统沟灌方式相比，APRI 可以在维持大田玉米产量的同时使得灌溉水量减少50%。相似地，APRI 在高粱、小麦、西红柿、土豆、果树等其他作物表现出明显的节水效果（Du et al.，2015）。

Graterol et al.（1993）发现，大豆生产中采用 APRI，节水达 29% 以上，但其株高比常规沟灌的低 6.6cm，而增加单荚粒数。Kang et al.（1998）对盆栽玉米的结果表明，土壤含水量下限为 65% 田间持水量（field capacity，FC）时，与常规沟灌相比，1/2 区域交替供水下叶面积有所下降，而其节水效果明显。利用盆栽棉花试验，杜太生等（2007）发现，APRI 处理的株高、叶面积和叶片数等营养生长受到不同程度的抑制，而其现蕾与果枝数目等生殖生长指标正常。可见，采用 APRI 技术，不但节水效果明显，而且还可以提高收获指数。此外，Tsegaye et al.（1993）发现，在灌水总量相同时，APRI 可较好地促进作物的生长发育并提高作物的水分利用效率。

段爱旺等（1999）研究发现，控制性交替沟灌的玉米气孔导度的确有明显的下降，蒸腾速率降低，而光合速率则基本上没什么变化，叶片光合水分利用效率有所增加。汪顺生（2004）的研究表明，灌水下限控制合适可以有效地抑制玉米的冗余生长，提高收获指数；但是灌水下限过低时，对作物的生长发育产生不利的影响，造成减产。可见，APRI 下控制适宜的灌水下限对作物正常生长至关重要。

通过盆栽试验，APRI 下植株对氮、磷养分的吸收增加，比常规方式分别增加 22.45% 和 13.04%（韩艳丽 等，2002）。李志军等（2005）发现，交替灌水下冬小麦对养分离子的吸收优于固定灌水和常规灌水（conventional irrigation，CI）处理。胡田田等（2005）研究表明，与 CI 相比，交替灌水使得氮素吸收表现出明显的补偿效应，可明显提高作物的氮素生产效率。应用 ^{15}N 示踪技术，Wang et al.（2010a）发现，与 CI 相比，交替灌水显著提高了番茄上层和中层叶子的氮含量。Wang et al.（2012）研究发现，与 CI 相比，APRI 显著提高了玉米叶子的氮含量。在大田条件下，Kirda et al.（2005）对玉米的研究发现，与 CI 相比，灌水量相同时 APRI 显著提高了氮素利用效率（nitrogen use efficiency，NUE）。但是，Li et al.（2007）研究表明，在施肥和充分供水 [（70%～80%）FC] 条件下，与 CI 相比，APRI 处理的玉米 WUE 和 NUE 分别提高 24.3% 和 16.4%；而在水分严重亏缺 [（45%～55%）FC] 条件下，NUE 在 CI 和 APRI 处理间无显著差异。由此可以看出，APRI 可以促进作物对养分的吸收，但是其优势的发挥需要相对充分的水分和养分供应作为基础。

高明霞等（2004）对不同灌溉方式下玉米根区土壤 NO_3^--N 的分布研究表

明，不同灌水方式下，玉米根区土壤 $NO_3^- - N$ 的分布不同。土壤 $NO_3^- - N$ 的累积趋势为交替灌水＞固定灌水＞CI。谭军利等（2005）研究发现，在高次灌水量（900m³/hm²）水平下，水肥异区 APRI 与 CI 的土壤 $NO_3^- - N$ 差异不显著。而在灌水量为 450m³/hm² 下，APRI 的施肥与未施肥区的土壤 $NO_3^- - N$ 差异显著。刘小刚等（2011）研究表明，同等灌水量下，APRI 根区土壤 $NO_3^- - N$ 的等值线和常规沟灌类似，沟内土壤 $NO_3^- - N$ 含量基本沿垄的中心呈对称分布，收获时交替隔沟灌溉的根区土壤 $NO_3^- - N$ 残留量比常规灌溉略高。Han et al.（2014）研究表明，与常规灌溉施肥相比，APRI 水肥异区使土壤 $NO_3^- - N$ 残留量在 0～60cm 土层显著提高（30%～60%），而在 60～200cm 土层中显著降低（8%～44%）。然而，也有研究表明，APRI 显著降低了收获后 $NO_3 - N$ 残留量（Kirda et al.，2005）。可见，土壤 $NO_3^- - N$ 的分布受灌水量和灌水方式的双重影响。

1.1.1.2　APRI 的发展

（1）早期萌芽阶段。20 世纪 60—70 年代，通过改变供水方式调控作物生理特性，旨在减小奢侈耗水、提高水分利用效率（Hawkins et al.，1968）。大约在此时，根系通信理论逐渐完善（Zhang et al.，1989；Gallan et al.，1992）。经过长期的研究和总结，Davies 和 Zhang 于 1991 年提出完整的根冠通信理论。

（2）理论趋于完善阶段。康绍忠等（1996）在结合室内外试验的基础上，首次系统提出了作物根系分区交替灌溉技术及其概念、理论基础和实现方式。在此阶段，人们开始关注该灌溉方式下作物的品质（Zegbe et al.，2004；Du et al.，2008）。

（3）深入研究和初步应用阶段。有大量研究结果表明，APRI 具有较好的节水、调质和增产效果（Du et al.，2015）。然而，有研究表明，灌水量相同时，与 CI 相比，APRI 并不能发挥节水效益（Kirda et al.，2005）。为此，Sadras（2009）认为相对于充分灌溉，APRI 表现出较高的水分利用效率，这可能是因为试验中的灌溉水量差异而非灌溉方式。Davies et al.（2011）持不同的观点，他认为在 40% 的情况下，APRI 能够显著提高灌溉水分利用效率。

1.1.2　水肥耦合效应

水肥耦合对作物产量的影响主要反映在水肥供应水平和供应时段上，不同水肥条件下，不同时期的灌水施肥，作物的产量表现有所不同（孟兆江 等，1997）。当土壤肥力低下时，施肥的增产效果显著。而随着土壤肥力的提高，水分作用越来越大，并且水肥对产量有耦合效应。施肥有明显的调水作用，灌水也有显著的调肥作用（刘作新 等，2000）。薛亮等（2008）研究了 APRI 下水氮异区时夏玉米的水氮耦合效应，发现水、氮对产量有明显的促进作用，而且氮素作用大于灌水作用。Han et al.（2015）研究发现，APRI 下随着水氮投入的提高，玉米产量表现为先增大而后减小的趋势，且这一趋势受到水氮交互效应的影响。说明与传统沟灌相比，节水施肥模式中的水肥耦合效应对于提高肥料利用率具有重要的理论与实践意义。

李世清等（1994）以玉米为指示作物进行了水肥配合试验，发现灌水和施肥之间存在明显的交互作用。灌水量少时，水肥的交互作用随施肥量的增加而增强；灌水量高则呈相反趋势。樊小林等（1998）研究发现，干旱胁迫能明显减少小麦的吸氮量。Li et al.（2009）分析了不同水分和养分管理对作物水分和养分利用效率的影响，发现合理的养分投入能增加作物的吸水能力，特别是从深层土壤中的吸水能力，提高水分利用效率；而水分亏缺会阻碍作物根系生长，降低根系吸收养分的能力，增加木质部液流的黏性，最终导致养分利用率下降。当二者协同供应时，水分和养分的生产效率较高。Dugo et al.（2010）分析了水分亏缺对作物氮营养的影响，认为水分决定氮营养吸收、利用的生物化学过程，决定作物产量；反过来，氮素营养又影响水分利用过程。以上结果表明，只有合理配以水肥用量，才能有效发挥水肥之间的交互作用，增大二者的协同和叠加效应，提高水分利用效率和肥料利用率。

1.1.3　根系生长对水分、养分局部供应的响应

Mackey et al.（1987）发现，如果一部分根处在湿土中，则位于接近或达到永久萎蔫湿度土壤中的另一部分根仍能生长。North et al.（1994）研究发现，固定灌水时，当根系长期处于干土中时，这部分根系将丧失感知土壤缺水的能力；适时恢复供水后，该部分根系则会产生许多次生根。Skinner et al.（1998）的研究结果表明，在早期雨量充沛条件下，固定灌水非灌水沟的根量是灌水沟根量的 126%。Liang et al.（1996）发现，若采用交替两侧供水，则根系更为发达，根干质量和根密度均增加；交替隔沟供水比固定一侧供水更有利于根系发育和次级活性根的形成。Kang et al.（1998）、胡田田等（2008）和 Kang et al.（2002）均报道了相似的结果，进一步说明 APRI 可以促进作物根系的生长。

Anghinoni et al.（1980）研究表明，局部供磷使供磷边的根系生长加快，根半径变小。Robinson（1994）在统计前人以均匀充足供应为对照的大量研究结果后得出结论：29% 的养分供应区根系、35% 的养分剥夺区根系不受影响或影响很小。何华等（2002）发现，土表下灌施 NO_3^- 能促进根系在土壤中下层的分布，明显增加根系密度及其在土壤中层的分布。Benjamin et al.（2006）也发现，根系倾向于在氮素含量高的区域大量增殖。综上，当根系对局部供应有响应时，供应区根系的生长受到促进，这说明局部施肥可以促进施肥区根系的生长。

1.1.4 水氮互作对玉米生长和产量的影响及其机理

叶面积指数（leaf area index，LAI）指的是单位土地面积上的植物总的单叶表面积，是作物冠层结构的关键参数之一，对于作物生长具有重要意义。温立玉等的研究表明，充足的灌水和高量氮肥都可以有效促进 LAI 的增长，其中水因子的 显著水平强于氮肥因子，更强于水氮互交。王柏等（2019）通过建立 Logistic 曲线分析其动态变化，发现在相同灌水量下，低水高氮和高水中氮比其他施氮处理更能促进 LAI 增长，水和氮肥存在明显的互补作用和促进作用。水分胁迫或低氮都无法满足叶片增长对养分的需求，而高氮会使作物叶片早衰。Qi et al.（2020a）研究发现，交替灌水结合均匀施氮或交替施氮可显著提高玉米生长后期的 LAI，从而有利于玉米获得高产。

玉米干物质积累量不仅可以反映其总体的营养状况，还可以反映其氮素营养状况的好坏。研究发现，增施氮肥有促进玉米干物质积累的作用，特别是在其营养生殖期内，这种促进作用十分明显；与此不同的是，灌水量的增加并不会有显著的促进作用，甚至会发生抑制作用（Pandey et al.，2000）。高量氮肥与低量灌水是最佳组合。Li et al.（2020）研究发现，充足供水条件下，采用 $210kg\ N/hm^2$ 的控释氮肥即可获得较高玉米生物量；而在中度水分亏缺条件下，采用 $315kg\ N/hm^2$ 的控释氮肥利于提高玉米生物量。水分亏缺下氮肥的效果会受到抑制，但过分灌溉并不会导致其干物质积累量增加。干物质积累量总体上随水氮供应水平的增加而增加，当其达到一定量时，增加量并不会随水氮供应量增加发生显著变化。其中，中水中肥与高水高肥是较好的水氮耦合方式。Qi et al.（2020a）研究发现，灌水方式与施氮方式对玉米干物质积累量积累存在明显的交互效应，交替灌水配合均匀施氮或交替施氮获得最高的玉米干物质积累量。Qi et al.（2020b）研究表明，在交替隔沟灌溉条件下，充足灌水 ［（75%～80%）FC］条件下，玉米的干物质积累量随着施氮水平的提高而显著增加；而严重亏水 ［（45%～50%）FC］条件下，玉米的干物质积累量随着施氮水平的增加先增加而后维持不变，说明灌水下限与施氮水平对玉米干物质积累量的积累存在着明显的交互效应。即，玉米对供氮水平的响应受到灌水量的显著影响，对于每一个灌水水平，都有一个相对适宜的供氮水平。

根系是植株连接土壤的主要器官，承担着汲取土壤中水分、养分的重要职责，还能感受地下信息并将其传递给地上部分，以便对土壤环境变化做出适应性反应。更重要的是，根系需要通过自身形态、空间构型、解剖结构和代谢活性的可塑性变化，使作物增强对非生物逆境胁迫的抗性（Davies et al.，2011）。通过水肥调控可显著影响作物根系的生长及分布。杜红霞等（2013）研究发现，水分对玉米根系干质量、根系活力、根系表面积的影响较氮肥大，协调水氮供

7

应水平可增加玉米根系干质量及根系活力;特别地,随着氮肥施入量的增加,在水分状况较好的情况下,对玉米根系活性的促进作用更大,而严重胁迫下,增加施氮量可以减缓根系活力的下降。根系干质量和根系密度受水分影响更强,并随着氮肥施用量增加呈先增高后降低的趋势,适量地施氮可以提高根系活力,扩大其表面积,有利于根系吸收水分。进一步地,有学者对根系缺水机理进行了深入研究,发现水分胁迫会导致根系的总呼吸下降。这主要是通过破坏膜的功能,致使其细胞代谢活动紊乱,表现为根系活性下降,此时增施氮肥对根系活力的影响不显著。邹海洋等(2017)发现,虽然水分和养分亏缺有助于抑制根信号表达,利于根系向下生长,但水分和养分过低与水分和养分过高对根系具有相同的抑制作用,即造成 0~20cm 土层根长比例过高。漆栋良等(2015)比较了常规沟灌下不同施氮方式对玉米根系生长分布的影响,发现均匀施氮和交替施氮较固定施氮可明显促进根系生长,使根系均匀地分布在植株周围;而固定施氮由于一侧浓度过高,会抑制玉米根系在抽雄期的生长,且会促进后期根系的衰老。与均匀灌水常规施氮相比,交替灌水配合均匀施氮或交替施氮显著提高玉米的根长密度和根干质量密度,且在 0~40cm 土层表现更为突出。然而,不同水氮供应方式与水氮供应水平相结合条件下根的生长状况如何还不清楚,有待进一步研究。

前人从地上部分及根系角度对玉米的生长进行了较为系统的研究,发现水氮交互作用显著影响玉米的干物质积累、LAI 和根系的生长与分布。尤其是从根系缺水机理角度阐明了水氮互作的重要性,即严重缺水时施氮并不能改善作物生长状况。研究表明,干旱胁迫下增施氮肥不仅未缓解水分胁迫,反而抑制玉米根长和根系比表面积的增加,加剧了根系的水分胁迫,造成根水势降低,进而影响了地上部分叶片的气孔导度,并削弱了叶片的光合性能,即降低了对 CO_2 和光能的利用能力(邢换丽 等,2020)。这说明实现水氮耦合效应需要一定的前提条件,即在一定范围内增加水分或氮素供应,可以对另一因子缺乏引起的作物生长负面效应起一定的补偿作用。然而,不同作物品种、气候条件和栽培措施下,水分或氮素亏缺带来的影响可能不同。因此,作物水氮耦合机制的研究应该通盘考虑,做到因地制宜。

水分利用效率(WUE)和氮素利用效率(NUE)是评价作物生长的重要指标,它们能如实反映作物对水氮的吸收与干物质生产之间的关系,也是判断农业生产效益高低的重要指标。农田中水、氮的去途繁多,虽然大部分都流向作物生长吸收,但仍避免不了较大的损失。蒸散和渗漏是水分流失的主要途径,径流、淋失和气体损失也会导致氮素损失。研究发现,可以通过水肥调控提高作物水氮利用效率。刘明等(2018)发现,在相同灌水量条件下,增施氮肥可以通过增产来补偿灌水定额提高而导致的 WUE 降低,但氮肥供应水平过高也会

导致 *WUE* 的降低。在实际生产中，中水中氮更利于水、氮的高效利用。研究表明，适当的水分胁迫下合理施氮有助于作物 *WUE* 的提高，而适当提高水氮供应水平同样可以提高作物 *WUE*（胡梦芝 等，2016；Li et al.，2020）。提高 *NUE* 是提高玉米产量的有效手段（张忠学 等，2017）。灌区自动控水灌溉可以在减少25% 的施氮量的前提下，保持与传统施氮相同的籽粒产量，从而使其氮肥利用率提高 25.54%（李英豪 等，2020）。灌水与施氮，以及两者之间的交互效应对玉米的 *NUE* 与 *WUE* 均有显著影响。充分灌溉条件下，增施氮肥可以显著提高 *NUE* 和 *WUE*，但氮肥供应水平过高会导致 *NUE* 降低；限水灌溉条件下，增施氮肥仍会导致 *NUE* 先升高后降低，但不同施氮水平间 *WUE* 没有显著差异（宁东峰 等，2019）。旱地条件下，合理施氮有助于作物扩大根系延伸范围，显著增加根系活力和根系活跃吸收面积，从而增强根系的吸水能力，使根系耐脱水能力和维持膨压的能力都较强；同时也可使植物叶片气孔密度变小、蒸腾降低，提高作物产量和 *WUE*（李世清 等，1994）。这种调控效应是"以肥调水，以水促肥"的机理所在。然而，不同氮肥种类、施氮方式、施氮水平与水分管理相结合条件下玉米的水氮利用效率需要进一步研究。

植物光合作用是指其绿色部位通过光反应和碳反应，将光能以 CO_2 为载体转化为有机储能物质，并释放 O_2 的植物生理过程。玉米产量的 90% 以上来自光合作用的合成与积累，而光合速率与水和肥密切相关。水分和氮肥的缺少都会使作物无法获取充足的营养物质，进而导致光合速率的降低，甚至叶片枯萎、植株死亡。已有研究表明，在水分胁迫下，适量增加灌水或施氮都能提高玉米的光合速率，促进光合产物的积累（Qi et al.，2020a，b）。水氮耦合对玉米光合作用效果明显，其中水分为主因子，氮肥为次因子。重度缺水时，玉米的穗位叶叶绿素含量、光合速率和气孔导度显著降低，实际光化学效率和光化学效率反应中心的最大光能转化率急剧下降。随着灌水量的增加，上述症状都会有不同程度的缓解；而施加氮肥则起到减缓水分胁迫的作用，同时还可以使光化学猝灭系数（photochemical quenching coefficient）增加、非光化学猝灭系数（non-photochemical quenching coefficient）降低，延缓 *LAI* 的下降等（李广浩 等，2015）。王海红等（2011）对玉米局部根区灌溉技术进行了研究，揭示了局部水分胁迫水氮异侧比水氮同侧对玉米光合作用的伤害更加严重。水氮异侧条件下，玉米根的两侧分别受到水分胁迫和氮胁迫，由于供氮侧根部受到水分胁迫，导致该侧对氮的吸收遭到抑制。叶片氮浓度对光合作用至关重要，因为以二磷酸核酮糖羧化酶（Rubisco）为主的可溶性蛋白和以叶绿素为主的叶绿体蛋白都需要大量氮来合成。因此，提高氮浓度既可以提高叶绿素总量促进光反应进行，又可以提高 Rubisco 的含量促进碳反应的进行。水和氮对植物光合作用既有不可替代性的作用，又有可以互补的一面。然而，水氮互作对玉米光合影响的分子机制尚不明确，需要进一步研究。

水是生命之源，氮肥是最有代表性的肥料因子。许多研究表明，水和氮肥之间存在正耦合效应，即在水分水平或氮肥水平相同条件下，适当增加另一因子的量都会提高作物的最终产量，特别是在某因子水平低下的情况下，这种增产效果尤为明显。而李广浩等（2015）指出，在这种耦合效应中，水因子为主导效应，氮因子为次效应。在现有的种植模式下，到 2050 年全球作物产量难以实现翻一番的目标。为了应对全球人口增长带来的粮食需求压力，提高玉米等主要粮食作物的产量显得尤为重要。增施氮肥可以提高茎和叶的氮素积累，而灌水可以促进氮肥增产效应，以此提高玉米产量。在干旱对玉米产量的影响研究中发现，玉米产量与干旱程度和持续时间有关，干旱持续时间越长，对产量的不利影响越大（Pandey et al.，2000）。前人研究表明，玉米的产量与光合作用的干物质积累联系紧密，两者在一定范围内呈正相关关系（Zou et al.，2020）。因此，提升玉米生育期的干物质积累量可以有效提高玉米的产量。刘见等（2020）在研究水肥一体化的研究中发现，喷灌条件下，氮肥减量后移可以维持玉米的氮素积累，延长干物质积累的持续时间，延缓叶片衰老，从而促进其籽粒的干物质积累；同时，对产量构成要素之间的协调也起着重要作用，可以降低玉米对水的消耗和秃尖长，提高有效穗数、穗粒数和千粒质量。Qi et al.（2020b）研究发现，交替隔沟灌溉下，土壤含水量为（60%～65%）FC 配合 $200\sim300\text{kg N/hm}^2$ 或（75%～80%）FC 配合 300kg N/hm^2 可明显提高玉米的产量。类似地，Zou et al.（2020）研究发现，均匀水氮供应条件下，100% ET_c 和中氮水平（184kg N/hm^2）的结合可实现玉米产量和水分生产力的同步提高。水氮之间的耦合效应决定了不均衡施肥和灌溉对作物生长和产量的限制性，盈未必高产，亏则减产甚至无收。在实际生产中，可以通过水肥联合调控来平衡水和氮，以达到节水、少肥、优质、高产的目的。然而，不同品种、地区和气候条件下的适宜水氮供应水平及方式差异很大。前人关于水氮互作对玉米产量的研究只集中在某一地区或采用单一品种。因此，不同地区和基因型条件下水氮互作对玉米产量的影响仍需进一步研究。

1.1.5 作物水分生产函数及灌溉制度优化

作物需水量是指在适宜的土壤水分和肥力水平下，维持作物正常生长发育并获得高产时，植株蒸腾、棵间蒸发以及储存在植株体内的水量之和（肖娟 等，2004）。准确的作物需水量信息是进行灌溉管理的基础，也是制定科学灌溉制度的前提。作物需水量的计算方法大致可以分为模系数法、直接计算法和参考作物系数法（陈玉民，1995；郭元裕，1986）。其中，参考作物系数法具有较高的精度，被国内外学者广泛应用。

引入参考作物需水量不仅可以使作物需水量的计算方法有了统一的基础，而且使得计算结果在世界各地具有可比性。参考作物需水量（ET_0）和作物系数（K_c）是估算作物需水量的两个重要参数。作物系数反映了作物本身的生物学特性、产量水平、土壤水分状况以及管理水平等对作物需水量的综合效应，对于灌溉水管理决策具有非常重要的作用。获取特定地理、气候条件下主要农作物的作物系数分布规律，已成为节水灌溉技术研究和推广中的重要技术参数（张振华 等，2004）。

作物水分生产函数（crop water production function，CWPF）指作物产量与水分因子之间的数学关系。CWPF 在农业生产和经济发展的规划与设计方面有着广泛应用。例如，当水资源有限时，CWPF 可用于评价不同灌水水平的经济效益以确定适宜的灌溉策略（English，1990）。CWPF 有助于充分考虑阶段性水分亏缺的影响及其在特殊生长阶段运用之前的关系，从中得到最优的生产模型，即在水量有限条件下，在光合较小阶段可以适当控制光合产量的积累，施加一定水分胁迫，而在光合较大阶段保证供水，提高光合产物向经济产量和生产总量转化率（彭世彰，2000）。另外，CWPF 被用于作物模型中以评价不同蒸发蒸腾条件下的作物产量。然而，CWPF 随着作物品种和气候条件的变化而变化（Aljamal et al.，2000）。李中凯等（2018）研究发现，CWPF 随生产年份和地点以及作物生育期的变化而不同。Rhenals et al.（1981）指出，没有一个CWPF 可以被普遍使用，因为 CWPF 中的自变量和因变量受作物本身特性和环境条件影响很大。因此，确定特定作物在特定环境条件下的作物生产函数具有重要意义。

前人用非线性规划（nonlinear programming，NLP）模型（Ghahraman et al.，2002）、多维动态规划（dynamic programming，DP）法（Flin et al.，1967）、二维 DP 模型（Dudley et al.，1971）、动态水分生产函数模型（Raju et al.，1983）、非线性优化模型 NLP（郭宗楼，1994）、非充分灌溉制度的设计（张展羽 等，1993）、灌溉制度的多目标优化模型（邱林 等，2001）和随机动态规划（stochastic dynamic programming，SDP）法（崔远来，2002）进行作物灌溉制度的优化。

线性规划（linear programming，LP）法是处理线性目标函数和线性约束的一种较为成熟的方法（成思危 等，2000），该方法简单易懂，计算量较小。然而，实际计算中多以动态规划法为主（李霆 等，2005）。张芮（2007）用 LP 法求解玉米在膜下滴灌条件下的最优灌溉制度，并将其结果与用 DP 法所得结果比较，发现二者所得结果基本一致。差异是由于求解时所采用的假定条件不同造成的。本书采用 DP 法求解 APRI 下的优化灌溉制度。

1.1.6 施氮对涝胁迫下作物地上部分生长发育的影响

水分在影响作物生长代谢的影响因子中居首要地位，涝胁迫极大地限制了作物的生长代谢。活性氧在细胞内大量累积会启动膜脂质过氧化，严重损伤膜结构，增加其不利产物 MDA 的含量。抗氧化物酶系统是植物内在的保护酶体系，在植物体内行使清除活性氧的功能（晏军 等，2017）。一方面，土壤在涝逆境下会降低植物抗氧化酶体系活性、引起活性氧自由基在细胞内大量积累，增加细胞膜伤害和膜透性，致使蛋白质、核酸降解，不利于植物的正常生理代谢，阻碍其生长，而适量施氮有利于提高作物抗氧化酶活性，从而有效地清除活性氧自由基，减轻膜脂过氧化程度（郭文琦，2009）。陈红琳 等（2017）研究表明，渍水条件下合理增加氮素施用有利于植株正常代谢活动的恢复，其原因可能是氮素作为刺激因子诱导抗氧化酶相关基因的表达，改善了植株生理指标，使作物抗氧化酶活性升高，从而在渍水胁迫过程中产生的活性氧能及时得到有效清除，减轻膜脂的过氧化。另一方面，植物内源激素作为植物对逆境响应的一类重要信号物质，渍水逆境下，植物可以通过改变内源激素含量水平及各种激素间的平衡，调控植物内在生理代谢的各个环节。植物蒸腾作用与植物内源激素间存在明显的相关关系，即植株体内 ABA 含量增加和 ZR 含量下降的共同作用导致叶片气孔关闭，进而减弱作物蒸腾作用。氮素之所以在增强作物的抗逆性方面起着不可替代的作用，其一是作为重要营养元素在提高作物产量方面发挥重要作用，其二是其作为调控内源激素含量及各种激素间的平衡的一类刺激因子（刘波 等，2017）。郭文琦（2009）研究发现，适量施氮对渍水后棉花植株体内不同内源激素之间的平衡起到了明显的调控作用，同时也提高了花铃期短期渍水下棉花光合性能和产量，过度施氮或施氮不足则表现出相反效应。

作物的产量很大程度上取决于作物自身光合能力的大小和效率。光合作用是作物生理过程中对涝逆境最为敏感的过程之一，涝胁迫降低作物的光合能力（Mutava et al.，2015），进而降低作物的干物质积累、转化量，适宜施氮水平在一定程度上可以缓解作物涝下的受害程度。大量研究证实，涝逆境下作物叶片气孔关闭、叶绿素降解、光化学效率降低、光合相关酶活性降低，进而导致作物的光合能力下降。合理的氮肥运筹方式对涝胁迫下作物的光合特性的改善起着积极的促进作用，进而能有效提高作物产量。已有研究表明，涝胁迫导致植物光合性能下降的主要原因分为气孔和非气孔两种，其中气孔因素是降低 P_n 的主要限制因素。适量施氮有利于提高渍水棉花的单株光合速率，促进棉花生长，而施氮不足与过量施氮均不利于渍水棉花单株光合速率的提高，其原因是氮肥过量或不足导致处于渍水胁迫条件下棉花叶片 G_s 减小，光合作用过程中系统体系的光化学效率、量子产量及光捕获能力降低，进而降低棉株的 P_n（郭文琦，2009）。此外，作物的光合性能与产量之间存在一种"源""库"关系（Wu et al.，2018）。淹水降低作物叶片的光合能力，降低叶片的氮素浓度、LAI 和 P_n，即"源"的光合性能下降，降低了光合产物向籽粒的供应量和运转率，影响"库"（籽粒产量）的形成和生长，而适宜的追施氮肥量对受涝作物后续的恢复生长具有显著的补偿作用，从而促进作物生长、提高产量。

漬水处理下，适量施氮（240kg N/hm²）显著提高棉花抗氧化酶活性，使过氧化产物 MDA 含量下降，降低 ABA 水平，提高 ZR、GA、IAA 含量并平衡各类内源激素之间的比例，同时降低漬水棉花根系 POD、SOD 和 CAT 活性，进一步提高棉株地上部分的生物量和产量（郭文琦，2009）。刘波等（2017）研究发现，在漬水胁迫下，施氮增加油菜的单株叶片数、叶片面积以及叶片 $SPAD$ 值，同时可有效缓解植株光合能力的下降，增强光合产物的累积，补偿油菜的生产能力，进一步加快油菜恢复生长。周青云等（2020）试验表明，拔节期淹水 6 天后增施氮肥（360kg N/hm²）有利于提高春玉米叶片的 SOD、POD 和 CAT 活性，P_n、G_s 和蒸腾速率（T_r），减缓膜质氧化作用，从而提高其产量。此外，同一施氮水平下，氮肥后移较常规施氮能提高苗期渍害胁迫下玉米的 P_n 和氮素累积量，保证玉米生育后期氮素的供应量，进而提高玉米产量（Wu et al.，2018）。武文明等（2012）研究结果表明，氮肥管理对减轻渍水对小麦光合器官的伤害有显著效果，能有效提高小麦生育后期功能叶的采光能力和光化学效率，改善小麦旗叶光合作用能力，延长灌浆期，提高群体灌浆速率，显著提高千粒重，同时也减轻了孕穗期渍害对小麦穗部结实特性的影响。但也有学者认为，渍水胁迫下增加施氮量，会降低小麦全氮运转、花前储藏物质、营养器官和籽粒的运转速率及其产量构成因素，从而降低小麦产量（Jiang et al.，2008）。进一步地，宋楚崴等（2018）研究表明，短时间花期渍水在施肥条件下对油菜的伤害程度较小，长时间花期渍水即使及时施肥也会影响作物对氮的吸收能力，得出施肥对渍水影响的缓解效果较低的结论。

综上所述，涝胁迫下施氮对作物地上部分的影响还存在分歧，除施氮水平外，施氮时间也对作物的抗渍性产生显著影响。而且，氮肥调控涝逆境下作物生长和产量的效应与作物品种、受涝时期、受涝胁迫程度等密切相关。

1.1.7　施氮对涝胁迫下作物根系生长的影响

作为主要吸收土壤中水分和营养的器官，作物根系与地上部分相互依赖、相互作用，根系的生长状况直接影响到地上部分的生长和产量的形成。涝胁迫会导致土壤缺氧，这也是涝灾害危害作物根系生长最直接、最重要的原因。涝胁迫严重限制植物根系生长，降低根系活力（Sairam et al.，2008），造成作物地上部分不能正常生长，导致不同幅度的减产，但适当的增施氮肥对涝渍胁迫

13

后作物的根系生长具有明显的缓解作用，表现为根长密度、根系活力、干物质积累量、表面积增加（Tian et al.，2021）。郭文琦（2009）研究表明，施氮 $240kg N/hm^2$ 水平下的棉花根系的干物重最大、丙二醛含量最低、根系活力最强、相应籽棉产量最高，但过量施氮降低光合产物向根系的运输、加剧膜脂过氧化程度。可见，涝胁迫下适量施氮可促进作物根系的生长。然而，涝胁迫下，根系生长与地上部分的关系及其氮素调控机制如何？施氮量影响根系生长的生理机制是什么？能否通过合理氮肥运筹实现调控根系生长，达到提高作物抗渍性的目的？这些都是亟须回答的科学问题，需要进一步研究。

1.1.8　施氮对涝条件下作物产量的影响

涝胁迫不仅严重限制了作物的生长，也在一定程度上抑制作物的产量及产量结构的形成。研究证明，涝胁迫会造成作物严重的减产，一方面与其产量构成因子的降低有明显联系，另一方面与涝时期、涝历时关系密切（余卫东 等，2014；Ren et al.，2016）。研究表明，涝持续时间超过 4 天，玉米叶面积指数、绿叶面积急剧下降，从而造成玉米产量显著下降，且减产幅度随涝时间延长而增加（刘战东 等，2014）。钱龙等（2015）研究表明，花铃期内棉花遭受涝会导致显著减产，蕾期次之，而吐絮期内减产作用较小，涝胁迫对籽棉产量的不利影响较干物质积累量更大。

涝胁迫加剧土壤养分损失（Steffens et al.，2005），使作物遭受养分亏缺的危害，通过合理的施肥措施可以提高作物抗涝能力。严红梅等（2020）研究表明，增施氮肥显著增加了苗期渍水条件下直播油菜的籽粒产量，且在适宜范围内，产量随着施氮量的增加而增加。陈红琳等（2017）发现，增施不同的纯氮量对苗期受到不同渍水胁迫的油菜生理代谢活动具有显著的增强作用，对提高油菜产量也有相应的促进作用。邹娟等（2015）试验结果表明，当 N、P、K 按一定比例配施时，显著提高油菜的抗涝能力、养分的吸收能力，增加了各器官干物质重，提高了油菜籽粒中养分的积累比例，缓解了涝所造成的大幅度产量下降，且 N 的缓解效应明显优于 P 和 K。甄城等（2019）研究表明，施氮量在 $0\sim270kg N/hm^2$ 内，拔节期淹水条件下随着施氮量增加，春玉米穗长、穗行数、行粒数、千粒质量和籽粒产量均增加；与正常供水相比，拔节期淹水下增施氮肥使得叶面积指数、干物质积累量和籽粒产量的增幅增大。郭文琦（2009）研究表明，渍水条件下，适当增加施氮量可以提高棉花叶、茎、枝、根的生物量、含氮量和积累量，且在 $240kg N/hm^2$ 施氮水平下，渍水棉株各器官的干物质积累量、氮素分配系数及籽棉产量最高，品质最优；施氮量过多或不足均会因不利于渍水棉株干物质和氮的累积、分配和运转而影响其产量与品质形成。尽管大多数研究都指出涝条件下增施氮肥对作物的生长及产量的形成具有积极的缓解作用，但也有学者指出增施氮肥对渍水作物也会产生一定的不利影响。范雪梅等（2004）研究表明，增加施氮量导致渍水小麦茎鞘、叶片的氮素运转量及运转率大幅度下降，降低了营养器官花前储藏物质及氮素总运转量和运转率，进而使籽粒氮积累量及花前氮素对籽粒总氮贡献率下降。

可见，前人在增施氮肥对改善涝胁迫后作物的产量形成及恢复方面已进行了一定的研究，特别是从增施氮量方面对不同作物产量及产量结构方面进行了较为详细的分析。可以明显看出，氮肥施用对涝逆境下的作物产量恢复起到了积极的作用，尤其是在作物的干物质积累和氮素的积累转运方面发挥着重要的作用。但是，关于增施氮肥是否一定有利于涝胁迫下作物产量形成仍然存在一定的分歧。因此，有必要对氮肥影响作物产量形成的机制进行深入研究。

1.2　问题与对策

1.2.1　水氮耦合机制方面

在具体农业生产过程中，玉米生长除了受水肥因素影响外，还受到诸如品种、种植密度、气候等方方面面因素的影响。水氮耦合的研究还可以结合其他因素，以更好地适应现代农业发展的需求。此外，随着现代生物技术、人工智能、大数据等高科技技术手段的发展与应用，必将为作物的水氮耦合机制研究注入新的活力并带来崭新的研究方向。就水肥联合调控途径及措施而言，其涉及的面也很广泛，未来关于玉米水氮高效耦合的机制可考虑从以下方面展开：

（1）由于农业受气候因素的影响强烈，不同地区的玉米种植情况可能相去甚远。北方特别是西北地区存在不同程度的缺水状况，因此发展节水农业尤为重要，这也是目前水氮耦合研究的最主要方向。南方则是雨水充沛，不少地方玉米种植面临着渍涝灾害。渍水胁迫下，氮肥运筹对玉米生长及产量的调控效应及氮素的高效利用机制尚不明确，需要进一步研究。

（2）目前有关玉米水氮互作研究更多关注的是水氮互作模式下作物生态性状，氮的代谢与利用和水分利用效率方面，关于水肥互作调控作物高产高效的作用机制、对碳代谢、转运和分配的影响以及对作物品质的影响等相关研究较为少见。有关 水氮互作条件下氮高效品种是否能节水抗旱、抗旱的品种是否营养高效、抗旱节水与营养高效能否协调发展等一系列问题还有待深入研究。

（3）目前对于玉米相关的研究多集中于对其产量潜力的挖掘，而生态环境部门日益重视起农业生产中产生的环境问题，农业的可持续发展也成为世界各国的重点研究领域。水肥联合调控不仅可以提高作物产量，还可以成为遏制农业生产对生态环境破坏的有力方法。因此，玉米水氮耦合的作物效应要与环境效应、土壤理化性质等综合统筹考虑。

（4）随着节水灌溉技术的发展，人们越来越关注水资源的高效利用。此外，劳动力成本越来越高，发展轻简化、自动化和智能化栽培措施势在必行。如何实现新型控释肥料（如控释尿素）与节水灌溉技术（如滴灌、喷灌、分根区交替灌溉等）的水氮高效耦合，需要进一步研究。与人工智能、大数据、传感器、5G、区块链等新型信息技术结合的智能水肥管理模式是未来研究的重要方向，如何应用交叉学科的知识提升当前的水肥管理水平是研究的重点和难点。

（5）随着生物学技术的快速发展，关于干旱胁迫分子反应的研究取得了长足进展，利用基因工程技术改良植物耐旱性的研究已经在拟南芥、烟草、水稻和苜蓿等植物上成功应用。因此，借助生物学技术研究氮素营养与干旱胁迫的互作关系将是一个崭新的研究领域。

1.2.2 涝胁迫下氮肥调控作物生长及产量方面

除了水分和养分逆境影响作物生长外，在具体农业生产应用中，气候、品种、种植密度等多方面的因素也制约着作物的生长和生产。因此，可以结合多种因素研究分析作物抗涝胁迫机制，以适应农业现代化发展的需求。此外，随着生物技术、大数据、互联网、人工智能等现代高科技技术手段的发展、更新与应用，必将为作物的抗逆栽培研究注入新的活力并带来崭新的研究方向。就氮肥调控作物涝灾害途径及措施而言，其涉及的面也很广泛，未来关于氮肥对涝胁迫下作物生长和产量的影响机制可考虑从以下方面展开：

（1）由于农业易受气候因素的影响，不同地区的降雨特征可能相差甚远。我国一些地区（如西南地区）是连续阴雨寡照造成长期渍水，一些地区（长江中下游）是短时强降雨造成的涝胁迫，期间又可能发生旱涝交替胁迫的情况。如何针对不同的涝灾害形式，制定合理的氮肥运筹策略以提高作物抗渍性和稳定作物产量，需要进一步研究。

（2）目前关于氮肥如何调控作物抗涝逆境生长的研究更多关注的是作物生态表型特征、抗氧化防御体系、光合作用等方面，而关于内源激素含量变化、碳氮代谢平衡以及作物品质的变化等方面相关研究较为少见。有关涝条件下耐涝品种能否获得较高的氮素利用效率，提高品质等一系列问题有待进一步研究。

（3）目前对于氮肥调控作物抗涝的研究多集中于对其产量潜力的挖掘，而生态环境部门日益重视起农业生产中产生的环境问题，农业的可持续发展也成为世界各国的重点研究领域。水肥联合调控不仅对减小自身污染具有重要意义，甚至还可能成为遏制农业生产对生态环境破坏的有利方法。因此，氮肥调控涝胁迫下作物生长和产量的效应要与其环境效应、土壤理化性质等综合统筹考虑。

（4）随着社会发展的快速前进，劳力资源成本不断变高，发展轻简化、自动化和智能化种植措施势在必行。如何高效实现新型控释肥料（如控释尿素）与抗涝栽培的有机结合，需要进一步研究。与人工智能、大数据、传感器、5G、区块链等新型信息技术结合的智能水肥管理模式是未来抗渍栽培研究的重要方向，如何应用交叉学科的知识提升当前的作物栽培水平是研究的重点和难点。

（5）随着现代生物学技术的不断发展，作物对渍涝胁迫的分子响应研究取得了有效的工作进展。借助基因工程技术来提高植物耐涝特性的研究已成功应用于拟南芥、烟草、水稻和苜蓿等作物上。因此，在未来，利用现代生物学技术手段研究作物抗涝胁迫与氮素营养之间的相互关系将作为一个全新的研究领域。

第 2 章

研究内容、技术路线与研究方案

针对第 1 章提到的问题，本章设计系列试验来研究不同灌水施氮方式对玉米生长、产量和水氮利用效率的影响，以及 APRI 条件下玉米灌溉制度及水分生产函数和涝胁迫下施氮量对玉米生长和产量的影响，以期阐明玉米水氮高效耦合机制及模式，揭示施氮量调控玉米产量的生理机制。

2.1 研究内容

（1）灌水施氮方式对玉米生长和产量的影响。研究不同灌水施氮方式下玉米根系的生长及分布规律，揭示灌水施氮方式对作物根系生长分布及其变化动态的影响，进而探索其与水氮利用效率间的关系。研究灌水施氮方式对叶片衰老特性、干物质积累分配、籽粒产量及其构成因素的影响，为通过灌水施氮方式调控根系生长提高作物产量及资源利用效率提供理论依据。

利用 ^{15}N 示踪技术，研究不同灌水施氮方式下作物对氮素的吸收、分配和利用状况，明确灌水施氮方式对肥料氮去向的影响，揭示灌水施氮方式影响作物氮素吸收利用的内在机制。

（2）APRI 条件下灌水下限和施氮水平的耦合效应研究。在 APRI 条件下，研究灌水下限和施氮水平对玉米根系生长分布、干物质积累及分配、籽粒产量及其构成因素以及水氮利用效率的影响，明确灌水下限和施氮水平间的耦合效应，从而初步确定 APRI 条件下玉米的适宜灌水下限和施氮水平。

（3）APRI 条件下玉米灌溉制度及水分生产函数研究。在 APRI 条件下，于玉米苗期、穗期和花粒期各设置不同的水分亏缺程度，研究不同灌溉制度对作物耗水量、耗水强度和作物系数的影响；探明不同灌溉制度影响作物籽粒产量、水分利用效率和灌溉水利用效率的规律；采用 Jensen 模型构建作物水分生产函数，分析玉米水分敏感指数随生育阶段的变化规律；在此基础之上，利用动态规划法优化 APRI 条件下玉米的灌溉制度。

（4）涝胁迫条件下施氮量对玉米生长和产量的影响。研究拔节期淹水胁迫与施氮量互作对玉米叶片衰老特性、株高、叶面积指数、$SPAD$ 值、干物质积累量、收获指数、氮素利用效率、氮收获指数、氮肥农学利用效率等的影响，旨在为通过氮肥运筹提高玉米的抗渍能力，稳定其产量提供一定理论依据。

2.2 技术路线

本书选择春玉米（金西北 22 号和宜单 629）为研究对象，在大田条件下展开，获取了玉米生长生态指标，如株高、茎粗、干物质积累量、叶面积、根系指标（根长、根干质量、根表面积）；叶片衰老指标，如 SOD、POD 和 CAT 活性、MDA 含量、P_n、T_r、G_s 等指标。采用数值分析和数值模拟相结合的方法分析旱（涝）胁迫下施氮对玉米生长及产量的调控机制，其技术路线如图 2.1 所示。

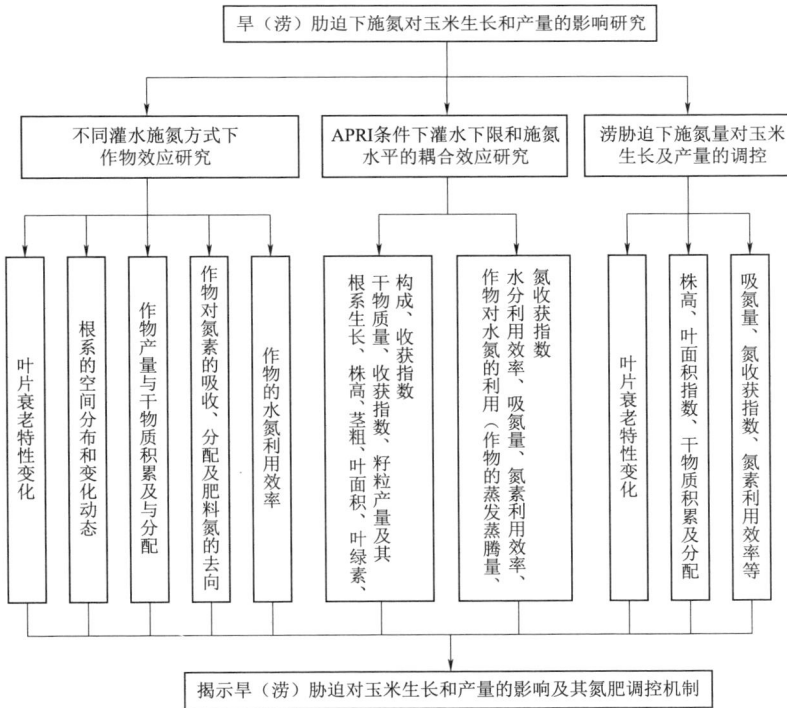

图 2.1 技术路线图

2.3　研究方案

2.3.1　旱胁迫下施氮对玉米生长和产量的影响

灌水施氮方式试验于 2013 年 4—9 月在农业部作物高效用水武威科学观测试验站进行。试验站位于甘肃省武威市凉州区，地处腾格里沙漠边缘，海拔 1581m，为大陆性温带干旱气候。该地区多年平均气温 8℃，多年平均降水量约 164.4mm，年均蒸发量 2000mm。试验地土壤类型为灰钙质轻砂壤土，土壤物理性质见表 2.1。土壤碱解氮含量 50.3mg/kg，有效磷含量 3.82mg/kg，有机质含量为 8.9g/kg，土壤 pH 值约为 8.2。灌溉水源为矿化度 0.71g/L 的地下水，地下水埋深 40m 以上。

表 2.1　　　　　　　　　　　　试验地土壤物理性质

土层深度/cm	0~20	20~40	40~60	60~80	80~100
容重/(g/cm^3)	1.31	1.42	1.55	1.58	1.60
比重/(g/cm^3)	2.63	2.61	2.64	2.57	2.60
孔隙度/%	49.82	45.95	41.20	38.76	38.63
田间持水量/%	22.10	21.20	21.20	22.03	22.20

资料来源：刘玉洁等（2009）。

2.3.1.1　不同灌水施氮方式田间试验

1. 供试材料

供试作物为当地大面积种植的春玉米（金西北 22 号）。采用大田垄植沟灌技术，沟和垄的断面为梯形。沟深 30cm，沟底宽 20cm，垄顶宽 20cm，垄底宽 35cm，沟间距为 55cm，沟长为 6m。起垄前，在垄的位置以过磷酸钙（45kg/hm^2，以 P_2O_5 计）作为底肥均匀施撒。小区为东西走向，四周开阔，面积为 24m^2，各个小区以一沟一垄为保护带。种植前覆膜，膜宽约 70cm，沟底留缝隙以便沟内水分入渗，每垄种一行玉米，行距 55cm，株距 25cm。于 4 月 19 日垄上点播，9 月 20 日收获。

2. 试验设计

试验设置施氮方式和灌水方式两个因素，各设 3 种不同方式，即灌水方式包括交替灌水（AI）、均匀灌水（CI）和固定灌水（FI）；施氮方式包括交替施氮（AN）、均匀施氮（CN）和固定施氮（FN），采用二因素三水平完全组合设计，其中的固定灌水固定施氮处理又分为水氮同区（FFT）和水氮异区（FFY）两种情况，共有 10 个处理，见表 2.2。各处理重复 3 次，共 30 个小区。进行均

匀施氮、均匀灌水、交替施氮和交替灌水时，涉及玉米行的 2 条沟；进行固定
施氮、固定灌水时固定在 1 条沟中操作。

表 2.2 　　　　　　　　　　　　　**试 验 设 计 方 案**

处　理	灌　水　方　式	施　氮　方　式
AAT		交替施氮 AN
AC	交替灌水 AI	均匀施氮 CN
AF		固定施氮 FN
CA		交替施氮 AN
CC	均匀灌水 CI	均匀施氮 CN
CF		固定施氮 FN
FA		交替施氮 AN
FC		均匀施氮 CN
FFT	固定灌水 FI	固定施氮 FN
FFY		固定施氮 FN

注　AAT 和 FFT 代表灌水和施氮在同一沟内，FFY 指灌水沟和施氮沟相反。

3. **试验实施**

各处理灌水和施氮量相同。灌溉定额和灌溉时间采用当地常规沟灌的经验
值，灌溉定额为 $3750\text{m}^3/\text{hm}^2$，分别在播后、拔节期、大喇叭口期、抽雄期和
灌浆期灌水，灌水定额为 $750\text{m}^3/\text{hm}^2$。灌水量在低压管出水口处用水表测量。
施氮量采用当地适宜的施氮水平 $200\text{kg N}/\text{hm}^2$（杨荣，2009）。氮肥选用尿
素，分 3 次施入，基施 50%，大喇叭口期和抽雄期各追施 25%。肥料施在沟
中（垄上不施），开沟施肥，施后覆土。氮肥基施时，固定施氮在南侧
沟（FFT）或北侧沟（FFY），交替施氮在南侧沟；追肥时，固定施氮位置不
变，交替施氮在南、北侧沟交替进行。均匀施氮始终在南、北两侧沟同时施
用，且两侧施氮量相等。追施氮肥时，施肥、灌水在同一天内完成。灌水与
施氮的时期与位置见表 2.3。

表 2.3 　　　　　　　　　　　**灌水与施氮的时期与位置**

实施阶段	交替施氮	均匀施氮	固定施氮	交替灌水	均匀灌水	固定灌水
播前（−1d）[①]	南侧沟	两侧沟	南/北沟			
播后（3d）				两侧沟	两侧沟	两侧沟
拔节期（45d）				南侧沟	两侧沟	南侧沟
大喇叭口期（84d）	北侧沟	两侧沟	南/北沟	北侧沟	两侧沟	南侧沟

实施阶段	交替施氮	均匀施氮	固定施氮	交替灌水	均匀灌水	固定灌水
抽雄期（98d）	南侧沟	两侧沟	南/北侧沟	南侧沟	两侧沟	南侧沟
灌浆期（119d）				北侧沟	两侧沟	南侧沟

注　固定施氮条件下，对 FFY，施氮位置为北侧沟，对 FFT 为南侧沟。
①表示播后的天数，设定播种时的天数为 0。

4. 测定指标及方法

（1）气象资料。通过距离试验点 50m 的自动气象站获得，主要指标有降雨量、太阳辐射、相对湿度、温度、风速等。

（2）根系指标。分别在拔节期、大喇叭口期、抽雄期、灌浆期和成熟期采集根系样品。采样时间依次为播后 44d，82d，97d，117d 和 152d。在每小区中间位置选取有代表性的 3 株，采用土钻法（钻直径 7cm、长 1.25m），分别在植株正下方、植株正南侧 14cm（1/4 行距处，简称株南）和植株正北侧 14cm

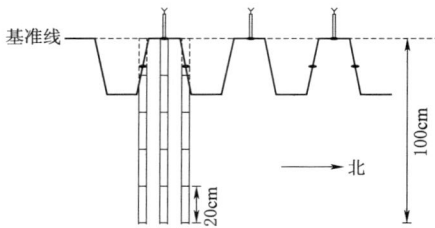

图 2.2　根系取样示意图

（1/4 行距处，简称株北）3 个点取至 100cm，每 20cm 为一层（图 2.2）。根系样本用冲根器冲净后，用 CI - 400 型根系图像分析系统分析计算根系根长、细根长（直径＜2mm）、根表面积。然后，在 105℃下杀青 30min，70℃烘至恒质量，称质量，获得根干质量。根据样本根长及取样体积（$3.14 \times 3.5^2 \times 20 = 769.30cm^3$）折算根长密度（root length density，RLD，单位 cm/cm^3）。

（3）地上干物质。在拔节期、大喇叭口期、抽雄期、灌浆期和成熟期，将每次取土样前剪掉的植株分剪，在 105℃下杀青 30min，然后 75℃烘干至恒重，测得其干质量。

（4）产量构成要素。作物成熟后，各小区取 10 株进行考种。考种指标包括玉米穗长、穗粗、秃尖长、穗数、穗粒数和千粒质量。

（5）籽粒产量（Y）。成熟期在各小区中间，选取两行玉米进行测产，将果穗风干、脱粒、称质量，得到籽粒产量。

（6）吸氮量。从测定籽粒产量的样品中随机选取 3 株玉米。分茎秆和苞叶、叶片、籽粒、穗轴，分别烘干、称重、粉碎后过筛，用 $H_2SO_4 - H_2O_2$ 消煮，用 AA3（AutoAnalyzer 3）型流动分析仪测定植物全氮含量，根据干物质质量折算吸氮量。

5. 指标计算方法

（1）耗水量（evapotranspiration，ET）由水量平衡公式计算。

$$ET = P + M + K - C - R \pm \Delta W \qquad (2.1)$$

式中：M 为时段内的灌水量，mm；P 为时段内的降雨量，mm；K 为时段内的地下水补给量，mm（地下水埋深在 40m 以上，可忽略不计）；C 为时段内的排水量，mm；ΔW 为时段内土壤储水量的变化；R 为地表径流量，考虑到试验玉米试验期间无地表径流发生，$R = 0$。

C 的估算如下：

$$C = \alpha M \qquad (2.2)$$

式中，α 的取值取决于土壤性质和灌水量，一般壤土取 0.1，沙土取 0.3，当灌水量小于 90mm 时，$\alpha = 0.1$（Sun et al.，2006）。

本试验土壤质地为轻砂壤土，两年试验中次灌水量均小于 90mm，故取 0.13（假定值）。

（2）水分利用效率（WUE）和灌溉水利用效率（$IWUE$），分别为籽粒产量与生育期内耗水量和生育期内灌水量的比值。

（3）氮素利用效率（NUE）为籽粒产量除以施氮量与 0～100cm 土层播前土壤矿质氮储量之和，土壤矿物质氮储量为土壤 $NO_3^- - N$ 和土壤 $NH_4^+ - N$ 储量之和。

（4）收获指数（harvest index，HI）为籽粒产量与地上部分生物量的比值。

（5）氮素收获指数（nitrogen harvest index，NHI）为籽粒吸氮量与地上部分总吸氮量的比值。

2.3.1.2 灌水施氮方式的 ^{15}N 微区试验

1. 供试材料

除微区面积外，其余同第 2.3.1.1 节。

2. 试验设计

根据 2013 年的试验结果，2014 年只对 AI、CI 两种灌水方式与 AN、CN 两种施氮方式进行研究。其中交替灌水交替施氮处理又分为水氮同步交替（AAT）和水氮异步交替（AAY），共有 5 个处理，见表 2.4。各处理重复 3 次，共 15 个小区。

表 2.4　　　　　　　　　2014 年试验设计

处　理	灌　水　方　式	施　氮　方　式
AAT	交替灌水 AI	交替施氮 AN
AAY		交替施氮 AN
AC		均匀施氮 CN
CA	均匀灌水 CI	交替施氮 AN
CC		均匀施氮 CN

3. ^{15}N 微区田间设置及施肥方法

在主试验区内设置 ^{15}N 微区，主区面积为 $32m^2$（$4m \times 8m$），^{15}N 微区面积为 $1m^2$（$1m \times 1m$），布置在主区的右下角（图 2.3）。整地后，划出微区所在位置，与主区接触部分用油毡隔离，上部高出地表 35cm，底部与大田相通。按施氮量 200kg N/hm^2 施用 ^{15}N 标记的尿素（产自上海化工研究院），丰度为 10.19%。标记尿素于每次施肥前充分溶解在容量为 5L 的喷壶里，在计划施氮沟内均匀喷施。追施时，将地膜揭开喷洒。施肥位置与时间、灌水等同第 2.3.1.1 节。

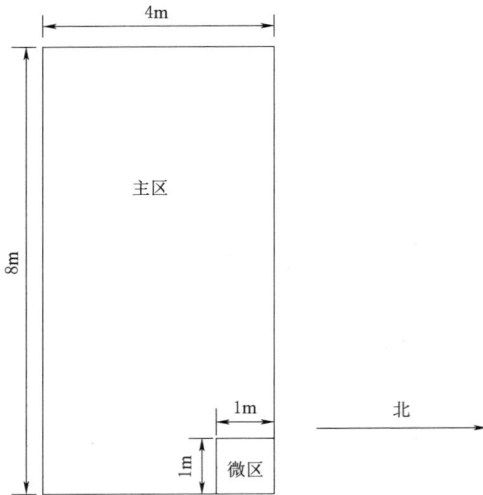

图 2.3 ^{15}N 微区位置示意图

4. 采样方法

（1）植株样品。在成熟期，将 ^{15}N 微区的植株地上部分全部收获。所有植株沿地面全部割下称鲜重，分剪为茎和苞叶、籽粒、穗轴，风干后称重，之后在 75℃烘干至恒重。将用于测定的植株样品全部粉碎过筛（0.15mm），混匀后用于测定植株全氮量及其 ^{15}N 丰度。

（2）土壤样品。播前采样同第 2.3.1.4 节。收获时采集垄上和植株南、北两侧 1/4 行距处（0～100cm，以 20cm 为间隔）土壤样品，用于测定土壤 $NH_4^+ - N$ 和 $NO_3^- - N$ 含量以及土壤全氮的 ^{15}N 丰度。

5. 测定方法

（1）土壤样品用于测定土壤 $NH_4^+ - N$ 和 $NO_3^- - N$ 含量，同第 2.3.1.4 节。

（2）土壤及植物全氮和 ^{15}N 丰度，采用 Delta Plus XP^{15}N 仪器测定（美国 THERMO finnigan 公司生产）。

6. 计算公式与数据分析

土壤各层全氮来自标记 ^{15}N 肥料的百分数为土壤各层全氮的 ^{15}N 原子百分超与标记肥料的 ^{15}N 原子百分超的比值乘以 100。

土壤中 ^{15}N 肥料残留氮量（kg/hm^2）为土壤中各层全氮含量（kg/hm^2）与土壤各层肥料氮的百分数的乘积。

植物的 ^{15}N 百分数为植株中 ^{15}N 原子百分超与肥料的 ^{15}N 原子百分超的比值乘以 100。

植株吸收氮素中来自化肥的氮量（kg/hm²）为植物吸氮量（kg/hm²）与植物[15]N百分数的乘积。

化肥氮损失量为标记氮肥施用量减去植株吸收肥料氮量减去土壤残留肥料氮量。

化肥氮残留率（％）为标记化肥氮残留量与标记氮肥施用量的比值。

化肥氮损失率（％）为标记化肥氮损失量与标记氮肥施用量的比值。

试验数据用 Excel 2010 或 Sigmaplot12.0 软件绘图，SPSS12.0 统计分析软件进行方差分析与多重比较，方差分析用 One - way ANOVA，多重比较用 Duncan 法。

2.3.1.3　APRI 下灌水下限和施氮水平的耦合效应研究

1. 供试材料

供试作物、小区布置、磷肥施用和覆膜管理措施同第 2.3.1.1 节。小区面积为 32m²（4m×8m）。试验于 2014 年 4 月 20 日垄上点播，9 月 20 日收获。

2. 试验方案与实施

试验设 3 个灌水下限和 3 个施氮水平。3 个灌水下限分别是 55％FC（W1）、65％FC（W2）和 75％FC（W3）。3 个施氮水平分别是 100kg N/hm²（N1）、200kg N/hm²（N2）和 300kg N/hm²（N3）。采用完全组合设计，共 9 个处理：W1N1、W1N2、W1N3、W2N1、W2N2、W2N3、W3N1、W3N2 和 W3N3。各处理重复 3 次，共 27 个小区。

氮肥分 3 次施用。第一次在覆膜种植前，均匀撒施在两沟内，占总施氮量的 40％。两次追施分别在大喇叭口期和抽雄期，在对应时期灌水处理前均匀撒施沟内，各占总施氮量的 30％。撒施后均覆土 2～3cm。

在每小区的中间相邻两沟内各埋设一根 1.2m 长的 PVC 管用于监测 0～100cm 土层土壤水分。每小区 7 垄 8 沟，其所有的沟被分为两组：A 组（1 沟、3 沟、5 沟和 7 沟）和 B 组（2 沟、4 沟、6 沟和 8 沟），测管埋设在中间两沟（图 2.4）。第一次灌水是在监测沟内的土壤水分接近设定的灌水下限时进行，采用交替隔沟灌

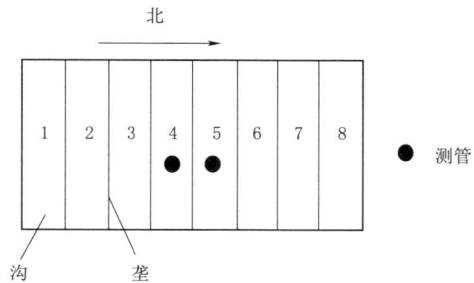

图 2.4　PVC 测管及灌水沟划分示意图

溉方式，只对 A 组沟进行灌溉。此后，重点监测 A 组 5 沟的土壤水分变化情况，当接近设定的灌水下限时进行灌水，此次只对 B 组沟进行灌溉，之后，重点监测 B 组 4 沟。达到设定下限时再次灌溉 A 组沟。如此，生育期内交替在 A 组与 B 组沟内进行灌水。

每次灌水量（I）计算如下：

$$I = KSh(FC - q) \qquad (2.3)$$

式中：K 为换算系数，每次只对小区的一半进行灌水，取 0.5；S 为小区面积；h 为计划湿润层深度，播后—拔节期取 0.45m，拔节—成熟期取 0.70m；FC 为田间持水量，取 $0.435\text{m}^3/\text{m}^3$；$q$ 为灌水下限，m^3/m^3。

3. 测定指标及方法

（1）土壤含水率。

1）体积含水率。对布设的 PVC 测管，每隔 4～5d 测定一次，降雨后加测。测定系统采用 Dinnver 2000，该系统可以监测 0～100cm 土层（每 10cm 为一层）的体积含水率。监测初期用烘干法校正，测定结果用于灌水处理。

2）质量含水率。播前、收获后及抽丝期灌水前、后用烘干法测定垄上 0～100cm（每 20cm 为一层）土壤质量含水率，每个小区测定 3 个点，取其平均值，用来计算阶段及整个生育期耗水量。

（2）干物质积累量及产量构成。分别在抽雄和成熟期每个小区取 5 株用于测定地上部分干物质积累量。成熟期同时测定穗数（单位：个/m²）、千粒质量（单位：g）和穗粒数（单位：个/穗）。

（3）叶长和宽、叶绿素检测仪读数（M）、株高和茎粗。每个小区随机选取 10 株玉米，抽丝期用直尺测定的每片叶的长和宽，用叶绿素仪（SPAD 502）测定 M；成熟期用卷尺和游标卡尺分别测定株高和茎粗。

（4）产量构成要素。作物成熟后，各小区取 10 株进行考种。考种指标包括玉米穗长、穗粗、秃尖长、穗数、穗粒数和千粒质量。

（5）籽粒产量（Y）。成熟期在各小区中间，选取两行玉米进行测产，将果穗风干、脱粒、称质量，得到籽粒产量。

4. 指标计算方法

（1）单株叶面积。

$$L_a = 0.759 \sum_{i=1}^{n} L_i W_i \qquad (2.4)$$

式中：L_a 为单株叶面积，cm²；L_i 为叶片长度，cm；W_i 为叶片宽度，cm；n 为叶片总数。

（2）叶面积指数为小区叶面积与小区土地面积的比值。

（3）叶绿素含量（$\mu\text{mol/m}^2$）为 $10^{(M^{0.265})}$，M 为叶绿素仪读数值，$R^2 = 0.94$（Markwell et al.，1995）。

（4）作物生长速率 [g/(m²·d)] 为成熟期单位面积干物质积累量减去抽雄期单位面积干物质积累量再除以生长天数。

2.3.1.4 不同灌水施氮方式渗漏池试验

试验在湖北省荆州市荆州区农业气象试验站渗漏池中进行，有可移动的遮雨大棚防止雨水落入试验区。小区面积为 $2m^2$，深 2.0m，周围以 15cm 厚的水泥墙隔开。试验站位于东部季风农业气候大区、北亚热带农业气候带和长江中下游农业气候区。年平均气温 16.5℃，年有效积温（≥10℃）为 5014.9～5211.3℃，年均降水量 1089mm，年均日照时数 1742h。土壤类型为棕壤土，播种前 0～40cm 土层 pH 值为 7.5，总氮 1.25g/kg、全磷 0.48g/kg、全钾 22.23g/kg、速效磷 12.21mg/kg、硝态氮 4.87mg/kg、铵态氮 9.28mg/kg 和碱解氮 45.6mg/kg。土壤田间持水量为 23.8%（质量含水率），土壤容重为 1.5g/cm^3。地下水埋深在 1.5m 以下，无霜期 242～263d。

1. 试验设计与实施

试验设置施氮方式和灌水方式两个因素，各因素分两种不同方式。其中，交替灌水施氮分为交替灌水交替施氮水氮协同供应（AIANS）和交替灌水交替施氮水氮分开供应（AIAND），共设 5 个处理。以均匀灌水均匀施氮（CICN）为对照，每个处理重复 3 次。实验具体处理见表 2.5。

表 2.5　　　　　　　　灌水施氮方式渗漏池试验处理

处　理	灌　水　方　式	施　氮　方　式
AIAND		交替施氮（AN）
AIANS	交替灌水（AI）	交替施氮（AN）
AICN		均匀施氮（CN）
CIAN		交替施氮（AN）
CICN	均匀灌水（CI）	均匀施氮（CN）

注　AIANS 代表灌水和施氮在同一沟内，AIAND 指灌水沟和施氮沟相反。

供试作物品种为春玉米宜单 629，2019 年于 4 月 4 日播种，8 月 10 日收获。采用垄植沟灌技术，玉米点播在垄上，行距 55cm，株距 25cm。沟深 30cm，沟底宽 20cm，垄顶宽 20cm，垄底宽 35cm。每个小区有两行玉米。垄为东西走向，播前均匀基施磷肥 128kg/hm²（以 P_2O_5 计），以过磷酸钙为磷肥供体。各处理的灌水和施氮量相同。施氮量采用当地适宜的施氮水平 180kg N/hm²。采用尿素为氮肥，分别在播前（50%）、大喇叭口期（25%）和抽雄期（25%）施入。

分别在播后、拔节期、抽雄期、大喇叭口期、灌浆期和乳熟期进行灌水，灌水定额为 450m³/hm²。灌溉定额为 2700m³/hm²，约占当地玉米全生育期耗水量的 70%。灌溉水源为地下水，采用可移动的灌溉设备进行沟灌。垄植沟灌技术在当地的大棚鲜食玉米生产中被广泛应用。氮肥施在沟中，开沟施肥，施后覆土。氮肥基施时，交替施氮在南侧沟；追肥时，交替施氮在南、北侧沟交替进行。均匀施氮始终在南、北两侧沟同时施用，且两侧施氮量相等。除氮肥基施外，施肥与灌水在同一天内完成。2019 年灌水与施氮的时期与位置见表 2.6。

表 2.6　2019 年灌水与施氮的时期与位置

时期	播后天数/d	交替施氮	均匀施氮	交替灌水	均匀灌水
播前	−1	南侧沟	两侧沟		
播后	2			两侧沟	两侧沟
拔节期	40			南/北侧沟	两侧沟
大喇叭口期	69	北侧沟	两侧沟	南/北侧沟	两侧沟
抽雄期	80	南侧沟	两侧沟	南/北侧沟	两侧沟
灌浆期	93			南/北侧沟	两侧沟
乳熟期	105			南/北侧沟	两侧沟

注　对 AIANS 和 AIAND，拔节期分别灌南侧沟和北侧沟。设定播种时的天数为 0。

2. 测定项目及方法

（1）叶面积指数（LAI）。分别在抽雄期，抽雄后 7d、14d、21d、28d 和 35d，每小区选取有代表性的 5 株玉米，测定叶片的长和宽，计算叶面积指数。

（2）叶绿素。分别在抽雄期，抽雄后 7d、14d、21d、28d 和 35d，每小区选取有代表性的 1 株玉米，取穗位叶放入液氮罐带回室内，置于 −40℃ 冰箱保存，然后用分光光度比色法测定（李和生，2000）。

（3）SOD、CAT、POD、可溶性糖、可溶性蛋白、MDA 和脯氨酸含量。分别在抽雄期、灌浆期和乳熟期，在每小区选取有代表性的植株，取穗位叶放入液氮罐带回室内，置于 −40℃ 冰箱保存，用氮蓝四唑法测定 SOD 活性 [U/(g·min)]，紫外分光光度测定 CAT 活性 [μmol H_2O_2/(g·min)]，愈创木酚法测定 POD 活性 [μg/(g·min)]，蒽酮比色法测定可溶性糖含量（mg/g），用考马斯亮蓝法测定可溶性蛋白含量（mg/g），硫代巴比妥酸法测定 MDA 含量，用酸性茚三酮显色法测定脯氨酸含量（mg/g）。

（4）产量。成熟期对每小区全部玉米进行收割、果穗风干、脱粒、称重，计算籽粒产量，同时选取 5 株玉米调查行数、行粒数、穗粒数和千粒质量等产量构成要素。

2.3.1.5　APRI 下玉米灌溉制度研究

1. 试验设计

试验采用交替隔沟灌溉方式，设 3 个灌水梯度，充分供水（灌水定额 30mm），中度亏水（灌水定额 20mm），重度亏水（灌水定额 10mm）。在玉米播种—拔节期（苗期）、拔节—抽穗期（穗期）、抽穗—成熟期（花粒期）施加不同程度的水分亏缺，在此基础上选取 6 个较切合实际的 APRI 下亏水处理，1 个

对照，构成试验方案（表 2.7）。充分供水的土壤水分下限值为田间持水量的
70%～75%，当土壤含水率达到设计水平时，即进行灌水，灌水次数不限。中
度与重度亏水的灌水时间与充分供水一致。各小区内，本次灌水的沟下次不灌
水，轮流交替进行，即本次灌水沟为 1 沟、3 沟、5 沟、7 沟，下次灌水为 2 沟、
4 沟、6 沟、8 沟。依次轮流交替。施氮量、施氮方法及施氮时间同第
2.3.3.1 节。

表 2.7　　　　　　　　交替隔沟灌溉条件下玉米灌溉制度试验设计

处　理	灌　水　定　额/mm		
	苗期	穗期	花粒期
T1	20	30	30
T2	10	30	30
T3	30	20	30
T4	30	10	30
T5	30	30	20
T6	30	30	10
CK	30	30	30

2．测定指标及方法

（1）气象资料。同第 2.3.1.4 节。

（2）玉米生育期及生长状况。该项主要记载玉米的生育期。根据 Ritchie et
al.（1982）关于玉米不同生育期可见叶子数的标准，观察、记录玉米生长发育
进程。本试验中玉米生育时期划分为播种—拔节期、拔节—大喇叭口期、大喇
叭口—抽雄期、抽雄—抽丝期、抽丝—灌浆期、灌浆—乳熟期、乳熟—成熟期 7
个生育期。

（3）土壤含水率。

1）体积含水率。在玉米全生育期内用土壤水分仪（Diviner 2000，Sentek
Pty Ltd.，Australia）测定 0～100cm（每 10cm 为一层）土壤体积含水率分布，
测管布置为垄上，每 5～7d 测定一次，灌水前后和降雨后加测。对照处理（CK）
的测定结果用于确定灌水时间，设田间持水量的 70%～75% 为灌水下限灌水。

2）质量含水率。播前、收获后和每个观测生育期的时间节点用烘干法测定
垄上 0～100cm（每 20cm 为一层）土壤质量含水率分布，每个小区取 3 个样。
测定结果用于计算阶段及整个生育期耗水量。

（4）产量。同第 2.3.1.4 节。

3．灌水情况

玉米在不同灌水处理下生长发育基本一致，其生育期见表 2.8。根据玉米生

育进程及土壤水分情况，分别在播后 13d、29d、43d、56d、68d、78d、89d、108d 和 125d 灌水。对应在苗期、穗期、花粒期各灌水 3 次，共 9 次。CK 的灌溉定额为 270mm，T1、T3 和 T5 的灌溉定额均为 240mm，T2、T4 和 T6 的灌溉定额均为 210mm。

表 2.8　　　　　　　　　　　　玉 米 生 育 期

生育阶段	播种	出苗	三叶	七叶	拔节期	大喇叭口期	抽雄期	灌浆期	乳熟期	蜡熟期	成熟期
日期	4月21日	4月28日	5月3日	5月20日	6月6日	6月29日	7月13日	8月11日	8月22日	9月10日	9月21日

4. 计算指标方法

（1）参考作物需水量。Zhao et al.（2010）研究发现，FAO 在 1992 年提出的彭曼-蒙蒂斯（Penman - Monteith）公式在河西走廊地区应用价值和精度较高。1992 年 FAO 专家咨询会议使用的 Penman - Monteith 公式如下：

$$ET_0 = \frac{0.408\Delta(R_n - G) + \gamma\left(\dfrac{900}{T + 273}\right)U_2(e_s - e_a)}{\Delta + \gamma(1 + 0.34U_2)} \tag{2.5}$$

式中：ET_0 为参考作物需水量，mm；R_n 为净辐射量，MJ/(m²·d)；G 为土壤热通量，MJ/(m²·d)；Δ 为饱和水汽压与温度关系曲线的斜率，kPa/℃；γ 为湿度计常数，kPa/℃；T 为空气平均温度，℃；U_2 为地面以上 2m 高处的风速，m/s；e_s 为空气饱和水汽压，kPa；e_a 为空气实际水汽压，kPa。

相关参数的估算方法见参考文献（孙景生，2002a）。

（2）作物耗水量。整体同第 2.3.1.1 节。但是，根据预试验开挖土壤剖面的观测结果，沟灌条件下灌水定额是 30.0mm 时最大湿润深度为 60～65cm。试验中土壤水分变化情况测定至 100cm。实测资料表明 80～100cm 土层土壤水分变化不明显，因此取 $C=0$。故式（2.1）变为

$$ET = P + M + K - R \pm \Delta W \tag{2.6}$$

（3）作物系数。某一作物各生育阶段需水量的模式可用下式表达：

$$K_{ci} = \frac{ET_{ci}}{ET_{0i}} \tag{2.7}$$

式中：K_{ci} 为第 i 阶段的作物系数；ET_{ci} 为第 i 阶段的实际作物蒸发蒸腾量；ET_{0i} 为第 i 阶段的参考作物需水量。

（4）水分利用效率指标。同第 2.3.1.1 节。

（5）作物水分生产函数模型。

1）作物水分生产函数的绝对值模型：

$$Y = a + bET + cET^2 \tag{2.8}$$

式中 a，b，c 为回归系数（孙景生，2002a）。

2）作物水分生产函数的相对值模型。

a. 全生育期生产函数：

$$1 - \frac{Y_a}{Y_m} = k_y \left(1 - \frac{ET_a}{ET_m}\right) \tag{2.9}$$

式中：ET_a 为作物实际蒸发蒸腾量；ET_m 为充分供水条件下最大蒸发蒸腾量；Y_a 为作物实际产量；Y_m 为充分供水条件下作物最高产量；k_y 为作物的产量反应系数。

b. 生产阶段函数。Blank 于 1975 年提出了相加模型：

$$\frac{Y_a}{Y_m} = \sum_{i=1}^{n} K_i \left(\frac{ET_a}{ET_m}\right)_i \tag{2.10}$$

式中：i 为第 i 生育期；n 为作物生育阶段；K_i 为第 i 阶段的反应系数。

Jensen 在 1975 年提出了相乘模型：

$$\frac{Y_a}{Y_m} = \prod_{i=1}^{n} \left(\frac{ET_a}{ET_m}\right)_i^{\lambda_i} \tag{2.11}$$

式中：λ_i 为作物对水分亏缺的敏感性因子。

研究表明，采用相加或相乘模型得到的阶段生产函数没有明显区别（郭元裕，1994）。因此，本书采用相乘模型。

（6）相乘模型的求解。文献（缴锡云 等，2004）表明，水分生产函数模型求解时作物生育阶段不宜划分过多，一般以 4～6 个为宜。因此，本书划分为播种—拔节、拔节—抽雄、抽雄—灌浆、灌浆—成熟 4 个生育阶段。

对 Jensen 模型经过适当变换，可以转化为多元线性回归方程，用最小二乘法原理求解回归系数的最优解。

在 Jensen 模型中，令 $Z = \ln(Y_a/Y_m)$，$\ln(ET_a/ET_m) = E_i$。可统一转化为以下多元线性公式：

$$Z = \sum_{i=1}^{n} \lambda_i E_i \tag{2.12}$$

通过 N 种的不同试验处理，得到 K 组 E^{iK}，Z^K（$K = 1, 2, 3, \cdots, N$；$i = 1, 2, 3, \cdots, n$），采用最小二乘法（王能超，1984），即可求得满足下式的 λ_i 值。

$$\min Q = \sum_{K=1}^{N} \left(Z_K - \sum_{i=1}^{n} \lambda_i E_i\right)^2 \tag{2.13}$$

要使得上式取得极小值，令 $\dfrac{\partial Q}{\partial \lambda_i} = 0$，即

$$\frac{\partial Q}{\partial \lambda_i} = -2 \sum_{K=1}^{N} \left(Z_K - \sum_{i=1}^{n} \lambda_i E_i\right) E^{iK} = 0 \tag{2.14}$$

λ_i 可由下列联立方程式求解：

$$L_{11}\lambda_1 + L_{12}\lambda_2 + \cdots + L_{1n}\lambda_n = L_{1z}$$
$$L_{21}\lambda_1 + L_{22}\lambda_2 + \cdots + L_{2n}\lambda_n = L_{2z}$$
$$\vdots$$
$$L_{n1}\lambda_1 + L_{n2}\lambda_2 + \cdots + L_{nn}\lambda_n = L_{nz}$$

其中：$L_{iK} = \sum_{K=1}^{n} E_{iK} E^{jK}$ （$i = 1, 2, 3, \cdots, n; j = 1, 2, 3, \cdots, n$）

$L_{iz} = \sum_{K=1}^{n} E_{iK} Z_K$ （$i = 1, 2, 3, \cdots, n$）。

（7）动态规划模型的求解。动态规划法是把一个复杂过程分解为 n 个阶段，然后按一定顺序，逐次求出各阶段的最优决策，进而得到整个系统最优决策的方法。其机理基于 Benman et al.（1970）提出的最优化原理，即一个多阶段决策过程的最优策略具备这样的性质，无论其初始状态和初始决策如何，对于由前面的决策所造成的状态来说，其后各阶段的决策序列必须构成最优策略。

具体思路如下：把灌溉过程分成若干阶段，在分析玉米的灌溉问题中，过程看作是玉米的灌水时期，共分成播种—拔节期、拔节—抽雄期、抽雄—灌浆期、灌浆—成熟期 4 个阶段。

在灌溉各阶段中，影响灌溉决策的因素主要有两个，一是有效土壤水分含量；二是在该阶段初的可供水量。对于每个阶段，都要求确定一个最优决策。这个决策就是回答"是否灌水以及灌多少水"的问题。显然，这个决策的制定取决于该阶段土壤含水量以及该阶段初尚有多少可供灌溉的水量。由各阶段的决策序列就组成了该过程的策略。而衡量该策略的优劣的标准就是目标函数，在寻求最优灌溉策略时，目标使得产量水分函数取得最大值。

结合灌溉最优决策问题具体分析动态规划中各个参数与变量，过程如下：

1）阶段划分。共分成播种—拔节期、拔节—抽雄期、抽雄—灌浆期、灌浆—成熟期 4 个阶段。

2）状态。

a. 土壤水分状态。田间土壤含水量上限是最大田间持水量 W_H，若含水量大于此值，将发生深层渗漏。为维持作物的生命活动，土壤含水量不应低于永久萎蔫点 W_w。取适宜土壤水分下限为 W_L。因此，土壤含水量的可能范围是区间 $[W_w, W_H]$，充分供水时土壤水含量的区间是 $[W_L, W_H]$，而 $[W_w, W_L]$ 则为水分亏缺区间。可以把 $[W_w, W_H]$ 按一定差值离散成若干个可能状态。若差值越小，则状态数越多，对阶段的描述越精细，但计算工作量越大。

b. 可供水量状态。某一阶段初的可供水量等于灌溉定额减去该阶段以前的已用水量。理论上可供水量取值可以有无穷多个，但是实际中，一次灌水定额常为某个定值。因此，可供水量可取灌水定额的整倍数。

各阶段的状态变量之间有一定关系，是由状态转移方程确定的。对土壤水分状态有

$$W_{i+1} = W_i + R_i + G_i + d_i m - ET_i \qquad (2.15)$$

式中：W_{i+1} 分别为 $i+1$ 及 i 阶段初的土壤含水量；R_i，G_i 为阶段中降雨量及地下水补给量或地下水的深层渗漏量；m 为一次灌水定额；d_i 为阶段的灌水次数，也就是 i 阶段的灌水次数；ET_i 是 i 阶段的实际耗水量。

ET_i 的计算可采用以下公式：

当 $W = W_i + R_i + G_i + d_i m - ET_{Mi} \geqslant W_L$ 时：

$$ET_i = ET_{Mi} \qquad (2.16)$$

当 $W_L > W > W_w$ 时：

$$ET_i = ET_{Mi} \frac{W - W_w}{W_L - W_w} \qquad (2.17)$$

对于可供水量的状态转移方程有

$$M_{i+1} = M_i - d_i m \qquad (2.18)$$

式中：M_{i+1} 和 M_i 为第 $i+1$ 和 i 阶段时的可供水量。

3）决策。每个灌溉阶段都可以有一系列可能的决策或称为允许决策，形成一个决策集，在决策集中有一个或几个为最优决策。由于决策是在一定状态条件下提出的，因此决策往往写成状态的函数 $d_i (S_1, S_2, \cdots, S_K)$，其中，$S_1$，$S_2, \cdots, S_K$ 为状态变量。

4）目标函数。经过第 i 阶段的决策，从 i 状态转移到 $i+1$ 的状态，同时产生一个阶段效益。各阶段效益的总和就是整个过程的效益。在灌溉过程中，阶段 i 对产量的贡献可以用 Jensen 模型求得

$$b_i = k_i \left(\frac{ET_i}{ET_{Mi}} \right)^{\lambda_i} \qquad (2.19)$$

要求得全过程的最优效益，应逐阶段进行，一般采用自末阶段开始的逆向递推的方法，根据最优化原理，得到效益连续转移的递推方程如下：

$$f_i(s_i) = \max [b_i(s_i, d_i) f_{i+1}(s_{i+1})] \qquad (2.20)$$

式中：$f_{i+1}(s_{i+1})$ 和 $f_i(s_i)$ 分别为第 $i+1$ 和 i 阶段对应于状态 s_i 及决策 d_i 的指标函数（或报酬函数）。

实际运算步骤如下：

对第 4 阶段，应把可供水量全部用完。因此对一定状态，有唯一的、也是最优的决策 $d_4 = M_4 / m$，其中 M_4 为第 4 阶段初的可供水量。假定有一系列的可能状态，土壤含水量取 $[W_L, W_H]$ 中 K 个数值，其中 $K = \dfrac{W_m - W_w}{\Delta w}$，$\Delta w$ 为离散增值，在算例中取近似 $250 \text{m}^3 / \text{hm}^2$。可供水量取 M，$M - m$，$M - 2m$，$\cdots$，

0，共 L 个数值。对这两个状态的 K 和 L 各组分别求得解，此时 $f_4(W_4，M_4)=$ $b_4(W_4，M_4，d_4)$ 。

对第 3 阶段，再假设一系列状态（同样有 K 和 L 个），对每一个状态，就是在决策 d_3 时取 0，1，2，$\cdots$，M_3/m 时，相应的 $b_3(W_3，M_3)$ 。根据状态转移方程，可算得相应的 W_4 和 M_4，再按照第一步计算结果，查得相应的 f_4^* 。再按式（2.20）求不同 d_3 时 $f_3(W_3，M_3)$ 值，从中得到最大的 $f_3(W_3，M_3)$ 及相应最优决策 $d_3(W_3，M_3)$ 。

继续向前计算第 2 各阶段直至第 1 阶段，可得到在不同状态 $(W_i，M_i)$ 下最优目标函数及相应的最优决策。至此，反向递推完成。

将经济灌溉定额作为第 1 阶段初的可供水量状态 M，并根据试验资料选定一个初始含水量 W_1，利用这两个状态即可从反向递推所得结果查取第 1 阶段最优决策 d_1^* 及最优目标函数值 b_1^*。然后用状态转移方程求得第二阶段初的状态 W_2 和 M_2，再查取相应的 d_2^* 和 b_2^*。这个过程一直进行到第 4 阶段，成为正向递推。可得到最优策略 $(d_1^*，d_2^*，d_3^*，d_4^*)$ 及最优目标函数值 $(b_1^*，b_2^*，b_3^*，b_4^*)$，由后者可以得到整个过程的最优目标函数值 f_i^*。如此，得到了玉米各生育阶段的最佳灌水次数以及在该灌水策略下的产量。

根据土壤含水量平衡方程式（2.6），然后依据初始土壤含水量 W_1 以及第 4 步所得到最优策略 $(d_1^*，d_2^*，d_3^*，d_4^*)$ 等数据，可求得玉米收割后的土壤含水量。

2.3.2　涝胁迫下施氮对玉米生长和产量的影响

1. 试验材料与试验地点

试验于 2018 年 4 月至 8 月在湖北省荆州市荆州区农业气象试验站进行，试验地年平均气温 16.5℃，年降水量 1089mm，年总日照总数 1742.4h。试验土壤肥力中等。土壤类型为棕壤土，播种前 0～40cm 土层的 pH 值为 7.6，总氮 1.71g/kg、全磷 0.35g/kg、全钾 7.46g/kg、速效磷 19.5mg/kg、硝态氮 24.87mg/kg 和铵态氮 19.28mg/kg。土壤田间持水量为 23.8%，土壤容重为 1.5g/cm³。

试验采用裂区设计，主区为氮肥用量，5 个施氮量水平分别为 0kg N/hm²，90kg N/hm²，180kg N/hm²，270kg N/hm²，360kg N/hm²，记为 N0，N1，N2，N3 和 N4；副区为拔节期淹水 6d（YS）和正常供水（CS）。供试春玉米品种为宜单 629，种植密度为 72000 株/hm²，2018 年 4 月 11 日播种，2018 年 8 月 9 日收获。小区为 4m×4m，在每个小区的四周挖深 2m、宽 50cm 的沟，放上 4 块 PVC 板并固定，用作淹水处理。P_2O_5、K_2O 的施用量分别为 90kg/hm²、180kg/hm²。氮肥采用尿素，其中基施 40%，在大喇叭口期追施 60%。每个处理 3 次重复，随机排列。淹水处理于 5 月 18 日，淹水期间保持地面以上存有 3～5cm 的水层，大田小区每 3h 补一次水，昼夜不间断每次补水至地面以上存有 3～5cm 水层。淹水结束，土壤水分由自然渗漏和人工抽排解除淹水胁迫。

2. 测定项目及方法

（1）叶绿素 SPAD 值。每小区随机选取 10 株玉米，淹水结束时及以后每 7～12d 采用日本美能达便携式 SPAD‐502 叶绿素仪对每株植物的功能叶片进行无损测量至乳熟期。

（2）株高和叶面积。用直尺测量株高和叶面积，每小区选长势均匀的 3 株玉米，从苗期开始每 7～10d 测定一次，直到乳熟期为止。

（3）干物质积累量。成熟期每小区取 5 株具有代表性，且长势均匀一致的植株，分别剪下叶片、茎鞘、苞叶、穗轴和籽粒，按不同器官分类放入 105℃ 烘箱中杀青 30min，然后 80℃ 烘干至恒质量，称取质量。

（4）植株全氮量。玉米吐丝期和成熟期分别在每个小区取具有代表性且生长一致的植株 5 株，吐丝期植株分为茎鞘、叶片、穗部 3 部分，成熟期的样品分为茎鞘、叶片、穗部（苞叶和穗轴）和籽粒 4 部分；样品烘干粉碎后采用凯氏定氮法测定。

（5）P_n、T_r 和 G_s。在淹水结束后当天及第 7d 和第 35d（均为晴天），在上午 10：00 至下午 1：00 使用美国 LI‐COR 公司生产的 LI‐6400 便携式光合仪测定。叶片 SOD、POD、CAT 活性和 MDA 含量：在淹水结束后当天及第 7d 和第 35d，用氮蓝四唑还原法测定 SOD 活性，用愈创木酚法测定 POD 活性，用紫外分光光度计法测定 CAT 活性，用硫代巴比妥酸法测定 MDA 含量（李合生，2000）。

（6）产量。收获期各小区单打测产，折算成籽粒产量。

2.3.3 数据处理

试验数据用 Excel 2010 或 Sigmaplot12.0 软件进行绘图，用 SPSS12.0 统计分析软件进行方差分析与多重比较，方差分析采用 One‐way ANOVA，多重比较采用 Duncan 法。

第 3 章

不同灌水施氮方式对玉米产量形成、干物质积累及水分利用的影响

一定范围内，干物质积累量与产量呈显著正相关关系（黄振喜 等，2007），高生物量是高产的基础（黄智鸿 等，2007）。因此，增加玉米生育期内干物质的积累能力成为提高籽粒产量的有效途径（丛艳霞 等，2008）。此外，干物质的合理分配对提高籽粒产量也至关重要（戴明宏 等，2008；宋明丹 等，2016）。一般地，不同的水肥供应水平（宋明丹 等，2016）、灌水方式（李清军 等，2013）、施肥管理方式（戴明宏 等，2008）、品种（齐文增 等，2013）等都会对作物干物质积累与分配构成显著影响。

APRI 技术可以提高水分利用效率这一结论已得到大量验证（柴强，2010）。灌水量和施氮量相同时，与均匀隔沟灌溉常规施肥相比，APRI 使得产量增加 $10\% \sim 16\%$，WUE 增加 $13\% \sim 33\%$（Han et al.，2014）。以上说明不同灌水、施氮方式下作物对水分的利用也不同。进一步地，相关学者研究了盆栽条件下局部灌水与不同氮、钾水平对玉米干物质积累和水分利用（农梦玲 等，2010），以及半干旱地区不同水、氮供应方式下玉米对水分的利用（刘小刚 等，2008；Han et al.，2014）。然而，局部灌溉条件下关于不同施氮方式对作物干物质的积累、产量及水分利用的研究鲜有报道。为此，本章重点研究不同灌水施氮方式对玉米干物质积累及分配、产量及构成因子和水分利用的影响。

3.1 不同灌水施氮方式下玉米产量及其构成因子

由表 3.1 可知，不同处理穗数表现为：任一灌水方式下，交替施氮（AN）与均匀施氮（CN）的穗数无显著差异，但显著大于固定施氮（FN）处理（$P<0.05$）。任一施氮方式下，穗数表现为交替灌水（AI）＞均匀灌水（CI）＞固定灌水（FI），差异达显著水平（$P<0.05$）。FFT 和 FFY 处理的穗粒数小于其他处理，穗粒数在其他处理间差异不显著。千粒质量只受灌水方式影响，表现为

AI 处理大于 CI 与 FI 处理。不同处理（AAT 处理除外）的产量与穗数表现出相似的规律。

表 3.1　　　　　不同灌水施氮方式下玉米产量及其构成因子

处理	穗长 /cm	穗粗 /cm	秃尖长 /cm	穗数 /(n/株)	穗粒数 /(n/个)	千粒质量 /g	产量 /(kg/hm²)
AAT	14.41a	4.59a	0.27a	1.40a	320.4a	304.5a	8189b
AC	13.52a	4.38a	0.35a	1.42a	321.5a	303.8a	8415a
AF	13.02a	4.08a	0.38a	1.34b	311.4a	299.7a	7228c
CA	14.18a	4.21a	0.24a	1.36b	318.7a	291.2b	7632b
CC	13.70a	4.38a	0.34a	1.37b	315.6a	293.4b	7913b
CF	13.30a	4.15a	0.25a	1.31c	313.3a	293.0b	7235c
FA	14.08a	4.32a	0.31a	1.32c	318.5a	291.4b	7266c
FC	13.35a	4.29a	0.27a	1.30c	320.1a	292.5b	7231c
FFT	12.97a	4.10a	0.34a	1.23d	305.4b	291.9b	6871d
FFY	12.82a	4.08a	0.23a	1.21e	303.6b	290.3b	6133e

注　同列数字后不同字母表示差异性达 0.05 显著水平；下同。

3.2　不同灌水施氮方式下玉米干物质积累、分配及转运

一般来说，玉米干物质积累规律基本上遵循 Logistic 方程，即前期缓慢增长，中期直线上升，后期稳定增长。Logistic 方程为

$$X = K/(1 + a\,\mathrm{e}^{-bt}) \tag{3.1}$$

式中：K 为最大干物质积累上限，g/株；a 和 b 为常数；t 为出苗后天数。

用 Logistic 生长函数对玉米干物质积累过程进行拟合，其 Logistic 模型及其特征值（Δt 和 t_0）见表 3.2。任一灌水方式下，AN 与 CN 处理的 K 值相近，但显著大于 FN 处理（$P < 0.05$）。任一施氮方式下，K 值表现为 AI＞CI＞FI（$P < 0.05$）。AC 与 AAT 处理的 K 值显著大于其他处理，FFT 处理的 K 值显著大于 FFY 处理（$P < 0.05$），但二者的 K 值均小于其他所有处理（$P < 0.05$）。

表 3.2　　　　不同灌水施氮方式下玉米干物质积累模型及特征值

处理	积累模型方程	Δt/d	t_0/d	决定系数 R^2
AAT	$X = 322.80/(1 + 154.18\mathrm{e}^{-0.0651t})$	35.14	77.15	0.9934
AC	$X = 323.27/(1 + 134.21\mathrm{e}^{-0.0702t})$	34.27	76.83	0.9879
AF	$X = 316.24/(1 + 127.45\mathrm{e}^{-0.0669t})$	32.89	78.54	0.9912

续表

处理	积累模型方程	$\Delta t/d$	t_0/d	决定系数 R^2
CA	$X=317.05/(1+104.34\mathrm{e}^{-0.0632t})$	33.43	78.68	0.9813
CC	$X=315.82/(1+96.02\mathrm{e}^{-0.0608t})$	32.78	79.10	0.9768
CF	$X=309.68/(1+151.51\mathrm{e}^{-0.0695t})$	31.56	79.87	0.9976
FA	$X=306.22/(1+142.37\mathrm{e}^{-0.0689t})$	31.64	81.24	0.9834
FC	$X=307.30/(1+178.53\mathrm{e}^{-0.0713t})$	30.55	81.67	0.9757
FFT	$X=302.44/(1+102.34\mathrm{e}^{-0.0671t})$	29.71	82.03	0.9917
FFY	$X=296.71/(1+166.29\mathrm{e}^{-0.0732t})$	27.76	83.58	0.9868

注 积累模型方程中分子（如 322.80）为 K 值；t 为玉米出苗后的天数；Δt 为玉米旺盛生长的时期；t_0 为干物质积累速率最大时刻，下同。

由表 3.3 可知，抽雄期和成熟期的单株玉米各器官总干物质积累量与最大干物质积累上限 K 表现出相似的规律。AAT 与 AC 处理的抽雄期穗的干物质积累量相近，但较其他各处理增加 6.1%～17.4%。

AAT 与 AC 处理的籽粒干物质积累量无显著差异，但较其他各处理增加 6.0%～25.3%。成熟期叶和苞叶的干物质积累量在不同处理间无显著差异；茎和穗的干物质积累量表现为 FFT 与 FFY 处理明显小于其他处理（$P<0.05$），其他处理间差异不显著。说明交替隔沟灌溉交替施氮和交替隔沟灌溉均匀施氮有利于提高抽雄期穗和籽粒的干物质积累量。

抽雄期和成熟期各处理不同器官的干物质积累量均表现为茎＞穗＞叶，成熟期苞叶的干物质积累量最小。进一步地，抽雄期各器官占总干物质积累量的比例在不同处理间差异在 0.5% 之内，但是成熟期差异明显增大（数据未出现）：3 种施氮方式下，与 CI 处理相比，AI 处理下籽粒干物质积累量占总干物质积累量的比例提高 1.9%～2.5%，而 FI 处理下相应值减少 2.2%～4.7%。3 种灌水方式下，与 CN 处理相比，AN 处理下籽粒占总干物质积累量的比例相差在 1% 之内，而 FN 处理下相应值减少 1.3%～2.9%。AAT 与 AC 处理的籽粒干物质积累量占总干物质积累量的比例较其他各处理提高 3.2%～5.1%。不同处理下茎和穗轴所占总干物质积累量的比例与籽粒所占总干物质积累量的比例表现出相反的变化趋势。不同处理间叶和苞叶所占总干物质积累量的比例差异在 0.3% 之内。以上结果表明，交替隔沟灌溉交替施氮或交替灌水均匀施氮利于更多的干物质向籽粒分配。

灌浆期间籽粒在不断充实增重的同时，叶片逐渐衰老，光合能力也逐渐下降，营养器官叶片和茎鞘中储存物质向穗部（尤其是籽粒）转移。有研究表明，

单位:g/株

表 3.3　不同灌水施氮方式下抽雄期和成熟期的玉米干物质积累量

处理	抽雄期				成熟期					
	茎	叶	穗	茎+叶+穗	茎	叶	苞叶	穗	籽粒	茎+叶+穗+苞叶+籽粒
AAT	71.29	52.80	59.58	183.67	52.89	28.17	17.34	49.94	146.25	294.59
AC	70.66	52.28	59.31	182.25	53.17	28.30	17.41	49.29	147.61	295.78
AF	69.36	49.52	55.87	174.75	52.77	27.87	17.13	48.78	135.23	281.78
CA	69.71	49.81	56.02	175.54	53.51	28.06	17.23	48.15	136.85	283.80
CC	68.74	49.01	55.6	173.35	53.43	27.72	17.05	47.66	135.54	281.40
CF	66.11	47.81	53.46	167.38	51.81	26.10	16.19	48.85	125.74	268.69
FA	64.84	45.75	53.9	164.49	51.52	25.08	15.65	49.01	120.13	261.39
FC	63.87	44.95	53.48	162.3	50.8	24.75	15.47	48.2	119.21	258.43
FFT	61.4	43.88	51.41	156.69	49.08	24.53	15.83	47.27	113.67	250.38
FFY	58.65	41.59	50.21	150.45	48.03	24.03	15.04	45.77	107.21	240.08

表 3.4　不同灌水施氮方式下玉米干物质转移

处理	茎			叶			穗			茎+叶+穗		
	转移量 /(g/株)	转移率 /%	贡献率 /%	转移量 /(g/株)	转移率 /%	贡献率 /%	转移量 /(g/株)	转移率 /%	贡献率 /%	转移量 /(g/株)	转移率 /%	贡献率 /%
AAT	18.40	25.81	12.58	24.63	46.64	16.84	9.64	16.18	6.59	52.67	85.20	36.01
AC	17.49	24.75	11.85	23.98	45.86	16.24	10.02	16.89	6.79	51.49	84.89	34.99
AF	16.59	23.92	12.27	21.65	43.72	16.01	7.09	12.69	5.24	45.33	80.33	33.52
CA	16.20	23.24	11.84	21.75	43.67	15.89	7.87	14.05	5.75	45.82	80.95	33.48
CC	15.31	22.27	11.30	21.29	43.44	15.71	7.94	14.28	5.86	44.54	79.99	32.86
CF	14.30	21.63	11.37	21.71	45.41	17.27	4.61	8.62	3.67	40.62	75.66	32.30
FA	13.32	20.54	11.09	20.67	45.18	17.21	4.89	9.07	4.07	38.88	74.80	32.36
FC	13.07	20.46	10.96	20.20	44.94	16.94	5.28	9.87	4.43	38.55	75.28	32.34
FFT	12.32	20.07	10.84	19.35	44.09	17.02	4.14	8.05	3.64	35.81	74.49	31.50
FFY	10.62	18.11	9.91	17.56	42.22	16.38	4.44	8.84	4.14	32.62	73.98	30.42

籽粒灌浆物质的来源按形成时间的先后可以分为两部分：一部分来自抽雄前生产的暂储藏于营养器官中，于灌浆期间再转移到籽粒中去的同化产物；另一部分来自抽雄后的同化产物，包括直接输送到籽粒中的光合产物和抽雄后形成的暂储藏性干物质的再转移（Mackwon et al.，1992）。依据以下公式计算不同处理下玉米干物质转移量、转移效率以及转移量对籽粒的贡献率（徐祥玉 等，2009），计算结果见表 3.4。

干物质转移量（g/株）＝抽雄期营养器官干质量－成熟期营养器官干质量

干物质转移效率（%）＝干物质转移量/抽雄期营养器官干质量×100

转移干物质对籽粒的贡献率（%）＝干物质转移量/粒重×100

由表 3.4 可以看出，转移量和转移率均表现为叶＞茎＞穗。但是，不同处理间的转运表现不同：对于茎，其转移量与最大干物质积累上限 K 表现出相似的规律；对于叶，其转移量只受灌水方式影响，AI 与 CI 处理显著大于 FI 处理（$P<0.05$）；对于穗，AI 或 CI 处理下，AN 与 CN 处理的转移量显著大于 FN 处理的转移量（$P<0.05$），其他情况差异不显著。不同处理间的转移率表现为：对于茎，转移率只受灌水方式影响，表现为 AI 处理＞CI 处理＞FI 处理（$P<0.05$）；对于叶，转移率表现为 FFY 处理小于其他处理（$P<0.05$）；对于穗，转移率的规律与转移量相同。不同处理的贡献率表现为：对于茎和叶，不同处理间的贡献率无显著差异；对于穗，贡献率的规律与转移量相同。整体而言，茎＋叶＋穗的转移量与最大干物质积累上限 K 表现出相似的规律；茎＋叶＋穗的转移率与穗的转移量表现出相似的规律；茎＋叶＋穗的贡献率在 AAT 与 AC 处理下最大，FFY 处理下最小（$P<0.05$），其他处理差异不显著。

以上结果表明，交替隔沟灌溉交替施氮和交替隔沟灌溉均匀施氮使更多的营养器官的干物质向籽粒转移，而固定隔沟灌溉固定施氮与之相反。

由表 3.5 可知，AAT、AC、CA 和 CC 处理的地上部分生物量大于其他处理，而 FFY 的群体生物量小于其他处理，其他处理间差异不显著。不同处理收获指数与最大干物质积累上限 K 表现出相似的规律。说明交替隔沟灌溉均匀施氮和交替隔沟灌溉交替施氮（水氮同区）利于增加群体生物量和收获指数，而固定灌水固定施氮（水氮同区或异区）与之相反。

表 3.5　　　　　　　不同处理下玉米地上部分生物量和收获指数

处理	生 物 量/(kg/hm²)	收获指数/%
AAT	18550a	44.1a
AC	18951a	44.4a
AF	16770b	43.1b
CA	18008a	42.4b

处理	生 物 量/(kg/hm^2)	收 获 指 数/%
CC	18331a	43.2b
CF	17310b	41.8c
FA	17740b	41.0c
FC	17581b	41.1c
FFT	16855b	40.8d
FFY	15248c	40.2d

3.3 灌水施氮方式对作物水分利用的影响

不同处理下土壤水分利用表现不同。由表 3.6 可知，土壤初始储水的消耗量在 AAT、AC 和 AF 处理下最大，FFT 和 FFY 处理下最小，其他处理间差异不显著。蒸发蒸腾量 ET 只受灌水方式影响，AI 处理明显小于 CI 与 FI 处理。水分利用效率 WUE 和灌溉水利用效率 IWUE 均表现为：灌水方式相同时，CN 与 AN 处理＞FN 处理；施氮方式相同时，AI 处理＞CI 处理＞FI 处理。AAT 与 AC 处理明显大于其他处理，FFY 和 FFT 明显小于其他各处理。

表 3.6　　不同灌水施氮方式的土壤储水耗水量、蒸发蒸腾量、水分利用效率和灌溉水利用效率

处理	土壤储水消耗量	ET/mm	WUE/(kg/m^3)	$IWUE$/(kg/m^3)
AAT	122.1a	508.6b	1.61ab	2.18a
AC	125.4a	506.3b	1.66a	2.24a
AF	117.8a	508.9b	1.42c	1.93b
CA	105.4b	525.7a	1.45c	2.04b
CC	104.8b	530.0a	1.49c	2.11b
CF	103.5b	529.1a	1.37d	1.93c
FA	101.4b	520.0a	1.40d	1.94c
FC	100.8b	521.0a	1.39d	1.93c
FFT	95.6c	528.7a	1.30de	1.83d
FFY	94.3c	526.6a	1.16e	1.64e

3.4　讨论

与均匀隔沟灌溉相比，交替隔沟灌溉可以在维持大田玉米籽粒产量的同时

使得灌溉水量减少 50%（Kang et al.，2000）。与以上结论一致，在本书中，与均匀隔沟灌溉均匀施氮相比，交替隔沟灌溉均匀施氮的籽粒产量均明显增加（表 3.1）。进行调亏灌溉时，交替隔沟灌溉和均匀隔沟灌溉都可刺激根系产生 ABA 信号以调节气孔的开度和叶片的生长（Dodd，2007）。然而，在相同亏缺水平下，交替隔沟灌溉使 ABA 信号的产生增强，调节力度更大（Wang et al.，2010a）。说明控制灌水量适当减少时，交替灌水不但有利于较高的籽粒产量，而且有利于维持较高的群体生物量，具有潜在的节水和增产潜力。

玉米干物质的积累是建造营养器官和形成籽粒产量的基础。干物质积累多、转移效率高，经济产量才有保证。提高干物质积累量和干物质转移效率可以提高产量。本书证实了这一点，交替隔沟灌溉交替施氮和交替隔沟灌溉均匀施氮下单株最大干物质积累上限 K 值、玉米旺盛生长时期 Δt（表 3.2）、茎、叶、穗干物质转移量和转移干物质对籽粒形成贡献效率（表 3.4）最大，获得较高的籽粒产量（表 3.1）。可能的原因是 APRI 使同化产物在作物不同器官间得以最优分配，把生长冗余减至最低限度（孙景生 等，2002b）。这一观点在大豆（Graterol et al.，1993）、棉花（杜太生 等，2007）和玉米（段爱旺 等，1999；汪顺生，2004）等作物中得到证实。此外，采用优化施氮管理措施可以提高营养器官的转移率（张瑞富 等，2011）。可见，当交替灌水与均匀施氮或交替施氮相结合，可以放大交替隔沟灌溉减小作物生长冗余的效应。

大量研究证实了交替隔沟灌溉的节水效应，有学者对其机理做了详细阐述（Kang et al.，2004；Du et al.，2015）。但是之前关于交替隔沟灌溉大幅提高 WUE 的报道多与充分灌水相比。对此，Sadras（2009）明确指出，交替隔沟灌溉提高 WUE 不是其技术本身，而是减少了供水量。本书中，相同灌水量和施氮方式下，交替隔沟灌溉的 WUE 显著大于其他灌水处理（表 3.6）。这是如何实现的呢？一方面，交替隔沟灌溉可以减少深层土壤渗漏量（康绍忠 等，2002）、植株蒸腾量（Jia et al.，2014）和土壤蒸发量（Tang et al.，2010），本书中表现为交替隔沟灌溉可以降低生育期蒸发蒸腾量（表 3.6）。试验地区蒸发量很大（年均 2000mm 以上），交替隔沟灌溉每次只给根系一半区域供水，另一半维持干燥状态，使得蒸发损失量降低。此外，交替隔沟灌溉使初始储水量的消耗增加（表 3.6），这与 Jia et al.（2014）的研究结果一致，但他们没有给出具体原因。本书中，交替隔沟灌溉下根系生长加强（详见第 4 章）或许可以解释这一现象。进一步地，本试验条件下交替隔沟灌溉与均匀施氮或交替施氮结合时，WUE 进一步增大（表 3.6），这与它们二者结合可以进一步促进根系生长密切相关（第 4 章）。可见，APRI 下采用均匀施氮或交替施氮可以更好地发挥节水效益。

3.5 小结

本章分析了不同灌水施氮方式对玉米产量、干物质积累及构成因子及水分利用的影响，得出以下结论：

（1）交替隔沟灌溉配合交替施氮（水氮同区）或均匀施氮的籽粒产量占总干物质积累量的比例较其他处理有所增加，其茎＋叶＋穗的转移量、茎＋叶＋穗对籽粒的贡献率、穗数、籽粒产量和收获指数较其他灌水施氮方式明显增大。说明交替隔沟灌溉交替施氮（水氮同区）或交替隔沟灌溉均匀施氮使更多的营养器官的干物质向籽粒转移，提高玉米产量。

（2）任一灌水方式下，交替施氮与均匀施氮下最大干物质积累上限 K 值较固定施氮明显增大；任一施氮方式下，K 值表现为交替隔沟灌溉＞均匀隔沟灌溉＞固定隔沟灌溉（$P<0.05$）。交替隔沟灌溉交替施氮或交替隔沟灌溉均匀施氮的 K 值和成熟期干物质积累量明显大于其他处理，说明交替隔沟灌溉配合交替施氮（水氮同区或异区）或均匀施氮增加玉米干物质的积累量。

（3）任一施氮方式下，与均匀隔沟灌溉相比，交替隔沟灌溉增加初始储水量的消耗，减少蒸发蒸腾量，提高水分利用效率和灌溉水利用效率。当交替隔沟灌溉与均匀施氮或交替施氮结合时，水分利用效率进一步增大，说明交替隔沟灌溉配合交替施氮（水氮同区）或均匀施氮可以提高玉米的水分利用效率。

第 4 章

不同灌水施氮方式对玉米根系生长分布的影响

根系在作物生物产量形成和生物产量转化为经济产量的过程中起到重要作用，主要农业措施如施肥、灌溉等都是首先影响根系的生长分布，进而对地上部分起作用，影响产量形成（王玉贞 等，1999）。根系的作用不仅取决于根系生物量及其特性，还取决于它们的空间分布（Casper et al.，1997）。研究表明，根系的生长分布取决于作物生长时期（齐文曾 等，2012）、土壤中水分和养分的含量（Lincoln et al.，2009）、土壤干质量密度（Zhang et al.，2012）等。此外，根系的生长具有"向水趋肥"性（刘庚山 等，2003；North et al.，1991）。除水分和养分的数量影响作物根系发育外，水分和养分在土壤中的分布也会对根系的生长与分布产生影响（杜红霞 等，2013；李韵珠 等，1999）。就水氮耦合对根系生长而言，徐国伟等（2015）发现灌溉方式和施氮量存在明显的互作效应，适宜的水氮耦合可以创造良好的根系形态，杜红霞等（2013）研究表明，水分对根系干质量、根系活力、根系表面积的影响较氮肥大。大量研究表明，APRI技术可促进根系生长（Kang et al.，1998；Mingo et al.，2004），但是局部灌水时施氮方式对根系生长分布的影响尚不明确。

目前，关于作物产量与根系生长分布的关系也进行了一定研究。蔡昆争等（2003）分析了10个现用水稻品种群体根系特征与地上部分发育和产量的关系。刘桃菊等（2002）通过建立数学回归模型，分析了水稻产量与齐穗期上位根长密度和根干质量密度的关系。Wang et al.（2014）分析了小麦不同生育期0～100cm土层根干质量密度和籽粒产量及其构成的关系。然而，关于玉米不同生育期的根系指标与籽粒产量及其构成关系的研究尚未见报道。基于以上考虑，本章主要研究交替隔沟灌水施氮方式下玉米根系的生长分布及动态变化规律，以及根系生长与籽粒产量及其构成因素之间的关系。

4.1　灌水施氮方式对玉米根系总量的影响

0～100cm 土层根长、根干质量和根表面积表现为：拔节期不同灌水施氮方式下无显著差异，但大喇叭口至成熟期各处理的根长、根干质量和根表面积不同（表 4.1～表 4.3）。

表 4.1　　　不同灌水施氮方式下 0～100cm 土层各生育期的根长　　　单位：cm

处理	拔节期	大喇叭口期	抽雄期	灌浆期	成熟期
AAT	453±21a	935±33a	1481±54a	1777±75a	1154±35a
AC	465±23a	951±41a	1505±65a	1806±70a	1173±40a
AF	434±17a	841±31b	1331±71b	1597±58b	1037±51b
CA	440±14a	901±28a	1341±50b	1609±49b	1045±44b
CC	447±19a	916±41a	1355±48b	1626±66b	1056±32b
CF	431±24a	836±22b	1274±32c	1589±52b	1032±29b
FA	425±25a	915±49a	1291±29c	1549±53c	1006±33b
FC	418±23a	920±28a	1299±44c	1558±42c	1012±41b
FFT	411±14a	843±20b	1224±40d	1469±30d	954±46c
FFY	424±18a	833±33b	1160±31e	1392±27e	904±38d

注　同列数字后不同字母表示差异性达 0.05 显著水平；下同。

表 4.2　　　不同灌水施氮方式下 0～100cm 土层各生育期的根干质量　　　单位：mg

处理	拔节期	大喇叭口期	抽雄期	灌浆期	成熟期
AAT	117±4a	1270±75a	1681±88a	2201±103a	832±14a
AC	122±10a	1296±60a	1609±80a	2117±114a	812±10a
AF	116±8a	1157±81b	1499±75b	2074±90b	754±21b
CA	109±7a	1282±59a	1531±46b	1987±88b	763±24b
CC	115±9a	1250±66a	1522±50b	2017±72b	788±18b
CF	108±8a	1184±50b	1347±53c	1860±58c	727±14bc
FA	104±5a	1276±44a	1398±41c	1848±80c	724±10bc
FC	112±7a	1278±80a	1400±36c	1812±91c	725±8bc
FFT	113±4a	1188±55b	1275±25d	1754±57d	692±13c
FFY	117±6a	1164±61b	1300±30d	1700±66d	683±12c

表 4.3 不同灌水施氮方式下 0～100cm 土层各生育期的根表面积　　单位：cm^2

处理	拔节期	大喇叭口期	抽雄期	灌浆期	成熟期
AAT	638±18a	1288±45a	1995±85a	2278±153a	1571±101a
AC	618±30a	1246±31a	1939±81a	2100±117a	1448±99b
AF	635±25a	1213±52a	1745±60b	1950±101b	1138±85c
CA	591±14a	1232±61a	1698±72b	1924±88b	1258±44c
CC	612±33a	1268±27a	1654±71b	1947±55b	1302±57c
CF	598±24a	1180±33a	1535±54c	1753±60c	1209±64c
FA	621±19a	1209±34a	1408±55cd	1708±71c	1109±55c
FC	614±21a	1250±50a	1472±cd	1681±58c	1159±40c
FFT	598±12a	11844±43a	1274±20d	1584±61d	1003±64c
FFY	600±22a	1179±29a	1154±37e	1541±44d	1041±52c

4.1.1　灌水施氮方式对根长的影响

由表 4.1 可知，大喇叭口期，根长只受施氮方式影响，交替施氮（AN）与均匀施氮（CN）间的根长无显著差异，而明显大于固定施氮（FN）。在抽雄—成熟期，施氮方式相同时，交替灌水（AI）与均匀灌水（CI）的根长大于固定灌水（FI），其中在 AN 和 CN 处理下，抽雄—成熟期 AI 处理的根长明显大于 CI 处理；灌水方式相同时，多数情况下，AN 与 CN 处理之间的根长无显著差异，但二者均显著大于 FN 处理。抽雄期、灌浆期和成熟期，AAT 与 AC 处理下的根长最大，FFY 处理最小，FFT 处理的根长较 FFY 处理增大，但明显小于其他处理。

4.1.2　灌水施氮方式对根干质量的影响

由表 4.2 可知，大喇叭口期，不同处理间根干质量的差异与该时期根长的差异一致。抽雄—成熟期，灌水方式相同时，CN 与 AN 处理下的根干质量没有明显差异，但显著大于 FN 处理；施氮方式相同时，根干质量表现为 AI 处理＞CI处理＞FI 处理。抽雄期、灌浆期和成熟期，AAT 与 AC 处理下根干质量最大，FFY 与 FFT 处理的对应值最小。

4.1.3　灌水施氮方式对根表面积的影响

由表 4.3 可知，大喇叭口期，不同灌水施氮方式间根表面积无显著差异，但表现为 AN 与 CN 处理略大于 FN 处理（$P>0.05$）。抽雄—灌浆期，不同灌水施氮方式的根表面积规律与根干质量相似。成熟期，AAT 与 AC 处理的根表面积大于其他处理。

综上所述，抽雄期、灌浆期和成熟期，在任一施氮方式下，与均匀隔沟灌溉相比，交替隔沟灌溉增加总根量（总根长、总根干质量、总根表面积），固定隔沟灌溉减少总根量。在任一灌水方式下，与均匀施氮相比，交替施氮的总根量与之相当，而固定施氮减少总根量（对大喇叭口期也成立）。与其他灌水施氮方式相比，交替隔沟灌溉均匀施氮或交替隔沟灌溉交替施氮（水氮同区）使总根量增加，而固定灌水固定施氮（水氮同区或异区）使总根量减少。

4.2　灌水施氮方式对根系空间分布的影响

考虑到最后一次施氮为抽雄期，之后的灌浆期为玉米吸收氮素的关键时期之一（Tsai et al.，1984），因此，以灌浆期为例，分析不同处理下玉米根系的空间分布规律。

4.2.1　不同灌水施氮方式下根系的空间分布

不同处理（FFY 处理除外）对各土层根长密度影响的方差分析见表 4.4。从表 4.4 中可以看出：0~40cm 土层中，灌水方式和施氮方式对各位置根长密度的影响均达显著水平。其中，灌水方式对植株北侧 0~40cm 土层、植株南侧 0~20cm 土层和植株下 20~40cm 土层根长密度的影响达到极显著水平。在 40~80cm 土层中，只有植株北侧或南侧的根长密度受灌水或施氮方式的影响。在 80~100cm 土层中，灌水方式对植株南侧、灌水施氮方式的交互作用对植株北侧根长密度的影响达显著水平。这说明植株南、北两侧较植株下方，0~40cm 土层比 40~100cm 土层根长密度的空间分布受灌水施氮方式影响更大。在 0~40cm 土层，与施氮方式和灌水方式×施氮方式（交互作用）相比，植株南、北两侧的根长密度受灌水方式影响更大。

表 4.4　　　　不同灌水施氮方式下各土层根长密度影响的方差分析

根系位置	影　响　因　子	土层深度/cm				
		0~20	20~40	40~60	60~80	80~100
植株北侧	灌水方式	**	**	*	NS	NS
	施氮方式	*	*	*	*	NS
	灌水方式×施氮方式	NS	NS	NS	NS	*
植株南侧	灌水方式	**	*	NS	*	*
	施氮方式	*	*	NS	*	NS
	灌水方式×施氮方式	NS	*	NS	NS	NS

续表

根系位置	影 响 因 子	土层深度/cm				
		0～20	20～40	40～60	60～80	80～100
植株下	灌水方式	*	**	NS	NS	NS
	施氮方式	*	*	NS	NS	NS
	灌水方式×施氮方式	*	NS	NS	NS	NS

注 *、** 分别表示在 0.05 和 0.01 水平下差异显著，NS 表示差异不显著，下同。

随着土层深度的增加，各处理根长密度均呈明显递减趋势（图 4.1）。0～40cm 土层，AAT、AC、CC 和 CA 处理下，植株南、北两侧根长密度的值相近。而 AF、CF、FA、FC、FFT 和 FFY 处理下，植株南侧的根长密度较植株北侧的大（$P<0.05$）。在 3 种灌水方式下，与 FN 处理相比，CN 和 AN 处理使得植株下根长密度明显增大（$P<0.05$）。在 3 种施氮方式下，与 CI 处理相比，AI 处理使得植株下根长密度值明显增大（$P<0.05$），而固定灌水（FI）下，根

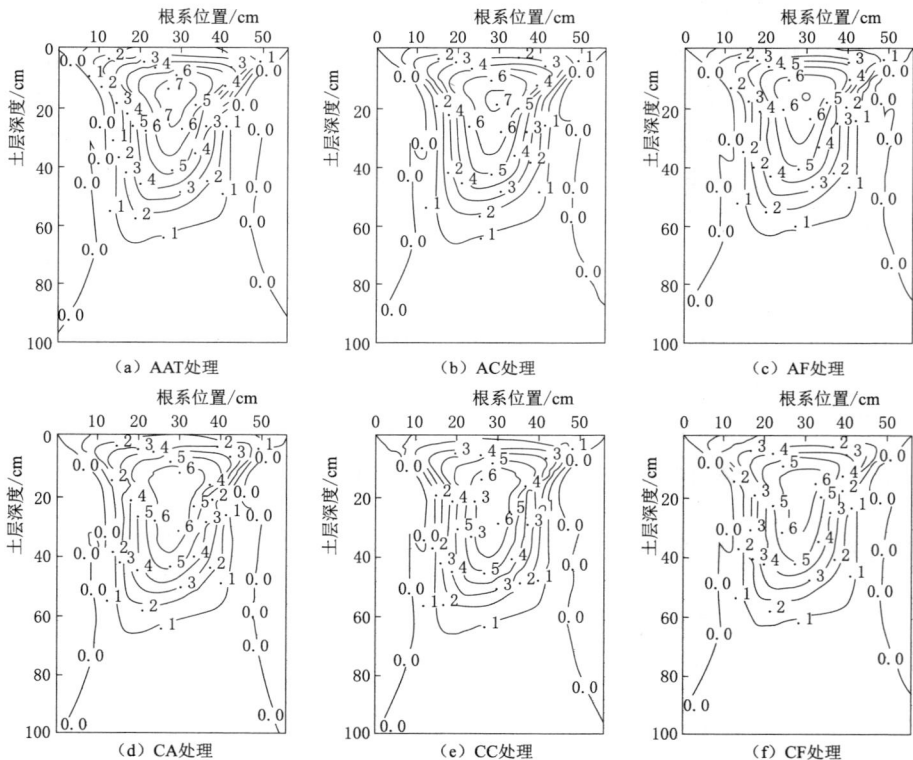

图 4.1（一）　不同灌水施氮模式下灌浆期玉米根长密度的空间分布（单位：cm/cm³）

（横坐标轴 14cm 处为植株北，28cm 为植株下，42cm 处为植株南，下同。）

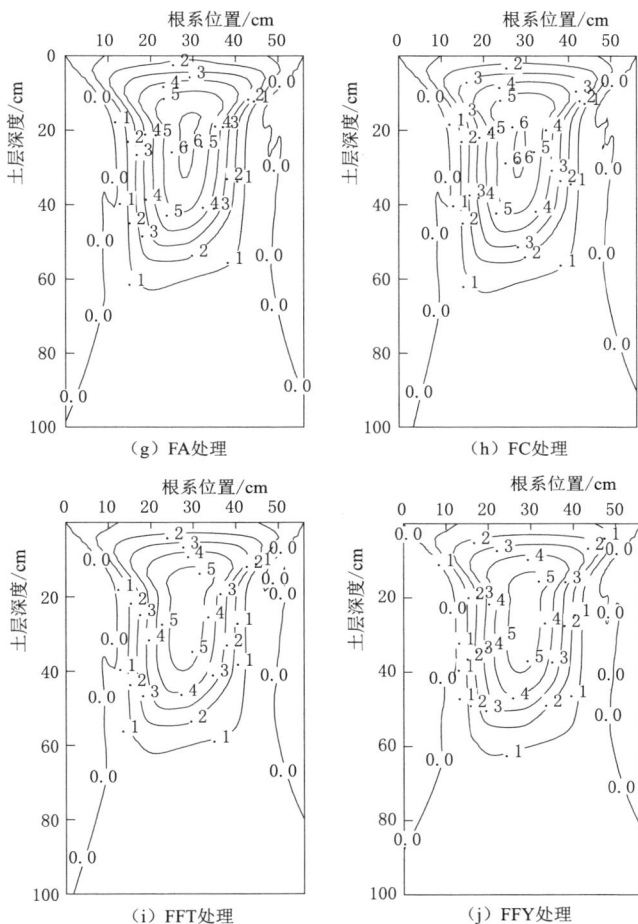

图 4.1（二）　不同灌水施氮模式下灌浆期玉米根长密度的空间分布（单位：cm/cm³）

（横坐标轴 14cm 处为植株北，28cm 为植株下，42cm 处为植株南，下同。）

长密度值明显减小（$P < 0.05$）。40～80cm 土层，FFT 处理下植株北侧的根长密度反而较植株南侧增大 [图 4.1 (i)]。其他情况下，各处理在植株南、北两侧的根长密度差异不明显。

0～40cm 土层，交替隔沟灌溉或均匀隔沟灌溉与交替施氮或均匀施氮任一组合时，植株南、北两侧根系生长均匀，其他情况下根系集中分布在灌水侧和（或）施氮侧（FFY 处理除外）。在任一灌水方式下，与固定施氮相比，交替施氮或均匀施氮促进了植株下方根系生长。在任一施氮方式下，与均匀隔沟灌溉相比，交替隔沟灌溉促进了植株下方根系生长，而固定灌水抑制了植株下方根系生长。40～100cm 土层，各处理在植株南、北两侧根系生长均匀。

4.2.2 不同灌水施氮方式下根系垂直分布的模拟

采用 SAS（statistical analysis system）中的非线性拟合程序 PROC NLIN 构建根长密度随土层深度变化的 Gerwitz and Page（1974）模型：

$$RLD = \alpha \exp(-\beta z) \tag{4.1}$$

式中：RLD 为根长密度（取值为植株北侧、植株南侧和植株下方根长密度的平均值）；z 为土层深度；α 和 β 为拟合参数，α 为土壤表层的根长密度，β 为根长密度随土层深度变化的趋势。

根长密度随土层深度呈指数下降（Ahmadi et al.，2011；Zhang et al.，2012）。拟合参数 α 和 β 见表 4.5。α 越大表示土壤表层根长密度越大，β 越大表示根长密度随土层深度减小的趋势越大。在任一施氮方式下，与 CI 处理相比，AI 处理使 α 值增大，而 FI 处理使 α 值减小。在 3 种灌水方式下，CN 与 FN 处理的 α 值相近，但显著大于 FN 处理的 α 值。在灌水方式相同时，不同施氮方式对 β 值无影响。当施氮方式相同时，CI 与 FI 处理的 β 值无显著差异，但明显小于 AI 处理的 β 值。FFT 和 FFY 处理的 α 值显著小于其他处理。

表 4.5　不同灌水施氮方式下玉米灌浆期根系垂直分布的拟合参数

处　理	α	β	R^2
CA	3.635c	0.057b	0.935**
CC	3.784c	0.058b	0.856**
CF	3.223d	0.056b	0.878**
AAT	4.888a	0.065a	0.925**
AC	5.161a	0.067a	0.924**
AF	4.262b	0.062a	0.897**
FA	3.215d	0.057b	0.911**
FC	2.984d	0.055b	0.860**
FFT	2.586e	0.058b	0.905**
FFY	2.137f	0.055b	0.864**

注　拟合的模型为 $RLD = \alpha \exp(-\beta z)$。$RLD$ 为根长密度；z 为土层深度；α 和 β 为拟合参数。** 表示决定系数达到极显著水平。同列数字不同字母表示差异性达 0.05 显著水平。

4.3　灌水施氮方式对根系变化动态的影响

经分析发现，监测时期 40～100cm 土层各位置的根长密度在不同灌水施氮方式间的差异在多数情况下不具有统计学意义。由于 0～40cm 土层是玉米根系的主要分布层（郭庆发，2004），故对不同灌水施氮方式下 0～40cm 土层根长密度进行分析。根长密度整体表现为：拔节期无显著差异；大喇叭口期开始出现差异，抽雄期差异进一步扩大，持续到成熟期。

4.3.1　灌水方式对根系变化动态的影响

　　均匀施氮时，不同灌水方式下 0～40cm 土层根长密度如图 4.2 所示。根长密度在不同灌水方式下表现为：植株北侧，在抽雄—成熟期，CI 与 AI 处理无差异，但明显大于 FI 处理（$P<0.05$）；植株下方，在抽雄—成熟期，AI 处理＞CI 处理＞FI 处理（$P<0.05$）；植株南侧，在大喇叭口—抽雄期，各处理间无显著差异，在灌浆—成熟期，CI 与 AI 处理无差异，但明显小于 FI 处理（$P<0.05$）。值得一提的是，在抽雄—灌浆期，FI 处理下植株南侧根长密度的增加幅度明显大于 CI 与 AI 处理（$P<0.05$）。可见，不同灌水方式下根系生长的差异主要体现在抽雄期、灌浆期和成熟期，固定灌水严重抑制监测时期植株下方以及非灌水侧根系的生长，而促进灌浆—成熟期灌水侧根系的生长。与均匀隔沟灌溉相比，交替隔沟灌溉促进了植株下方根系的生长。

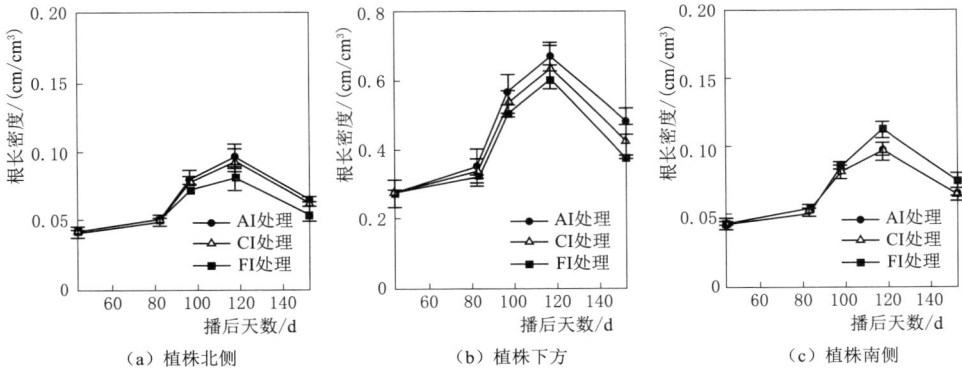

图 4.2　均匀施氮时不同灌水方式下 0～40cm 土层根长密度

（播后 44d、82d、97d、117d 和 152d 对应的生育期分别为拔节期、大喇叭口期、抽雄期、灌浆期和成熟期；下同）

4.3.2　施氮方式对根系变化动态的影响

　　均匀隔沟灌溉时，不同施氮方式下 0～40cm 根长密度如图 4.3 所示。根长密度在不同施氮方式下表现为：在植株北侧，大喇叭口期，各处理间无显著差异，抽雄—成熟期，AN 与 CN 处理间无显著差异，但显著大于 FN 处理（$P<0.05$）；在植株下方，大喇叭口—成熟期变化规律与植株北侧抽雄—成熟期相似；在植

株南侧，大喇叭口—抽雄期变化规律与植株南侧相同，灌浆—成熟期 AN 与 CN 处理间无显著差异，但显著小于 FN 处理（$P<0.05$）。FN 处理下植株南侧抽雄—灌浆期的根长密度增加幅度显著大于 AN 与 CN 处理（$P<0.05$）。

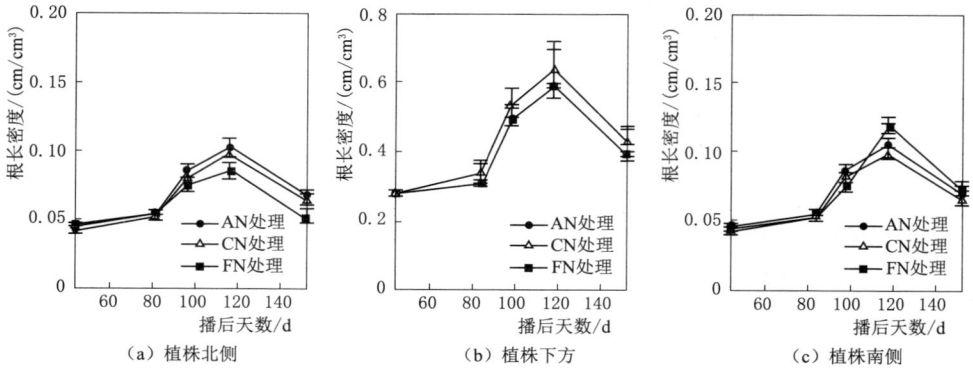

图 4.3　均匀灌水时不同施氮方式下 0~40cm 土层根长密度

4.4　根系建成参数与籽粒产量之间的关系

4.4.1　根系建成参数与籽粒产量之间的相关性分析

各监测时期不同土层根长密度、根干质量密度和根表面积密度与籽粒产量的相关系数表现出相似规律。根长密度、根干质量密度和根表面积密度为同一土层植株南侧、植株北侧和植株下根长密度、根干质量密度和根表面积密度的平均值。

从表 4.6 可以看出，0~80cm 土层的根长密度与籽粒产量呈正相关，而在 80~100cm 中呈负相关。从不同生育期来看，拔节期和大喇叭口期的相关性没有达到显著水平（大喇叭口期 0~20cm 除外）。在抽雄—成熟期，0~40cm 土层的相关性达显著水平，其中在灌浆期达极显著水平。灌浆期 40~80cm 土层和抽雄期 60~80cm 土层的相关性也达显著水平。以上说明增加玉米中后期 0~40cm 土层的根长密度有利于籽粒产量的提高。

表 4.6　玉米不同生育期各土层的根长密度与籽粒产量的相关系数

土层深度/cm	拔节期	大喇叭口期	抽雄期	灌浆期	成熟期
0~20	0.2345	0.5181*	0.5910*	0.7238**	0.5737*
20~40	0.3148	0.4214	0.5828*	0.8014**	0.5550*
40~60	0.4112	0.4450	0.4244	0.5731*	0.4818

续表

土层深度/cm	拔节期	大喇叭口期	抽雄期	灌浆期	成熟期
60～80	0.2301	0.3364	0.5313*	0.5625*	0.2414
80～100	−0.0011	−0.1125	−0.1163	−0.3231	−0.1233

注　*，** 分别表示在 0.05 和 0.01 水平下差异显著，下同。

从表 4.7 可以看出，0～60cm 土层的根干质量密度与籽粒产量正相关，而在 60～100cm 中呈负相关。在不同生育期根干质量密度与籽粒产量之间表现出与根长密度和籽粒之间相似的规律。抽雄—灌浆期 40～60cm 土层相关性达显著水平；灌浆期 80～100cm 土层的负相关性达显著水平。以上说明玉米中后期根 0～40cm 土层的根干质量密度与籽粒产量的关系更密切，增加 0～40cm 土层的根干质量密度有利于提高籽粒产量；而增加 60～100cm 土层的根干质量密度对提高籽粒产量不利。

表 4.7　玉米不同生育期各土层的根干质量密度与籽粒产量的相关系数

土层深度/cm	拔节期	大喇叭口期	抽雄期	灌浆期	成熟期
0～20	0.1314	0.3874	0.5214*	0.7524**	0.5212*
20～40	0.2152	0.2986	0.5631*	0.8232**	0.5796*
40～60	0.1890	0.3413	0.5300*	0.5530*	0.1214
60～80	−0.2335	−0.2152	−0.1811	−0.3125	−0.2834
80～100	−0.0121	−0.1311	−0.4124	−0.5424*	−0.3124

从表 4.8 可以看出，0～100cm 土层的根表面积密度与籽粒产量正相关（抽雄期和灌浆期 80～100cm 土层除外）。抽雄期 0～20cm 土层、灌浆期 0～40cm 土层和成熟期 20～40cm 土层的相关性达显著水平。以上说明增加灌浆期 0～40cm 土层的根表面积密度对提高籽粒产量有利。

表 4.8　玉米不同生育期各土层的根表面积密度与籽粒产量的相关系数

土层深/cm	拔节期	大喇叭口期	抽雄期	灌浆期	成熟期
0～20	0.2131	0.3212	0.5245*	0.5187*	0.4525
20～40	0.3214	0.2140	0.4878	0.5503*	0.5874*
40～60	0.3121	0.4314	0.3769	0.2417	0.3213
60～80	0.2145	0.1935	0.2418	0.1214	0.2122
80～100	0.0158	0.1124	−0.2564	−0.2332	0.0014

综上所述，拔节期和大喇叭口期，根密度（根长密度、根干质量密度和根干表面积密度）与籽粒产量关系不密切，而抽雄期、灌浆期和成熟期根密度与籽粒产量关系密切。增加 0～40cm 土层的根密度有利于提高产量，特别是在灌

浆期。与根长密度和根干质量密度相比，根表面积密度与籽粒产量的关系不密切。

4.4.2　根系建成参数与产量因子之间的相关关系

从以上分析可以看出，灌浆期 0～40cm 土层的根系建成参数与籽粒产量之间的关系最密切。由表 4.9 可知，3 个根系建成参数与穗数呈显著正相关；根长密度和根干质量密度与千粒质量呈显著正相关，且在后者达极显著水平。根干质量密度与穗粒数也呈显著正相关。与根长密度和根干质量密度相比，根表面积密度与产量因子之间的相关系数较小。

表 4.9　　灌浆期 0～40cm 土层根系建成参数与产量因子的相关系数

测定项目	穗长	穗粗	秃尖长	穗数	穗粒数	千粒质量
根长密度	0.4314	0.3847	0.3451	0.5700*	0.2547	0.6358*
根干质量密度	0.3121	0.3212	0.2621	0.5819*	0.5710*	0.7125**
根表面积密度	0.2102	0.2654	0.1438	0.5321*	0.1121	0.4874

4.4.3　根系建成参数与产量之间的定量关系

通过对玉米 5 个生育期不同层次根系建成参数与产量及产量因子之间关系的分析可以看出，灌浆期 0～40cm 土层根长密度、根干质量密度和根表面积密度与籽粒产量形成关系密切，能较好地反映根系建成参数与籽粒之间的关系。因此，选用灌浆期 0～40cm 这些参数与籽粒产量建立数学模型：

$$Y = 2102 X_1^{1.03} X_2^{0.92} X_3^{0.45} \tag{4.2}$$

式中：Y 为籽粒产量，kg/hm^2；X_1 为根长密度，cm/cm^3；X_2 为根干质量密度，mg/cm^3；X_3 为根表面积密度，cm^2/cm^3。

模型拟合效果较好，本试验条件下最大差异为 $342kg/hm^2$，最小差异为 $15kg/hm^2$。

由于 3 个根系建成参数的功能部分重叠，且根表面积密度与籽粒产量及其相关因子的密切度较低，仅用根长密度和根干质量密度两个因子就可以较好反映根系与籽粒产量之间的关系。因此，去掉根面积密度，用一个多项式模型对籽粒产量和灌浆期 0～40cm 土层根长密度和根干质量密度重新建立数学模型：

$$Y = 2272.98 + 1937.21 X_1 + 3553.85 X_2 - 2581.76 X_1 X_2 \tag{4.3}$$

式中：Y 为籽粒产量，kg/hm^2；X_1 为灌浆期 0～40cm 土层根长密度，cm/cm^3；X_2 为灌浆期 0～40cm 土层根干质量密度，mg/cm^3。

经测验，回归方程达极显著水平，复相关系数 $R=0.969$。从回归方程分析得到，当 X_1、X_2 较小时，随着 X_1、X_2 的增大，籽粒产量明显增加，它们对籽粒产量起着决定性作用，当 X_1、X_2 继续增大，则产量增长缓慢，甚至降低，因 X_1、X_2 的交互作用的影响越来越大。这说明在玉米根系数量生长较少的情况下，增加单位土体中的根长与根干质量，可以明显增加产量，而当它们增加到一定程度以后，增加单位土体中的根长与根干质量，籽粒产量以递减速率增加然后下降。这表明籽粒产量较低时，灌浆期 $0 \sim 40cm$ 土层根系起显著作用，而当产量超过某一定水平后，则可能由其他因子起更主要的作用。

4.5 讨论

4.5.1 灌水施氮方式影响根系的空间分布

以灌浆期根系生长分布为切入点，与施氮方式相比，$0 \sim 40cm$ 土层各位置的根长密度受灌水方式的影响更大（表 4.4）。原因可能是水分和养分对根系生长的作用不是孤立的，而是相互作用、相互影响的（杜军 等，2011；Hodge et al.，1994）。但是水分是土壤氮素溶解和迁移的介质，决定着氮素作用的发挥（Hu et al.，2009；Li et al.，2009）。类似地，杜红霞等（2013）就水、氮调控对夏玉米根系特性影响进行了研究，结果表明，水分对根系干质量、根系表面积等的影响较氮肥更大。

本书试验还发现，$0 \sim 40cm$ 土层较 $40 \sim 100cm$ 土层，植株南、北两侧较植株下方的根长密度受灌水施氮方式的影响更大（图 4.1）。除玉米根系主要分布在 $0 \sim 40cm$ 土层外，这与不同处理在 $0 \sim 40cm$ 土层和植株南、北两侧的土壤水分和土壤 $NO_3^- - N$ 变化更加剧烈的结果相一致。说明灌水施氮方式通过调控 $0 \sim 40cm$ 土层的土壤水分和土壤 $NO_3^- - N$ 的分布及变化对该层的根系生长起关键作用。

研究表明，在 $0 \sim 40cm$ 土层，固定隔沟灌溉灌水侧根长密度值较大，在固定隔沟灌溉固定施氮下尤为明显（图 4.1）。这与 Skinner 等（1998）的研究结论，即非灌水沟是灌水沟根系生物量的 126% 相反。原因可能在于，本试验条件下，对于固定灌水的非灌水侧水分供应非常有限（供试地区多年平均降雨量 164.4mm，年均蒸发量 2000mm），从而使这部分根系生长受到严重抑制（Kang et al.，1998）。特别地，对于固定隔沟灌溉固定施氮（水氮同区），不施氮侧与非灌水侧一致，土壤中只有播前残留的氮素可用，从而进一步限制了该侧根系的生长；对于固定隔沟灌溉固定施氮（水氮异区），植株根系生长可能在非灌水侧局部高氮环境条件下受到抑制（Tian et al.，2008）。而在 Skinner 的试验中，降雨量是该试验区的 2 倍多，水分相对充足，氮肥施在垄上，非灌水沟也可以得到有效的氮素供应，根量较大，而灌水沟被认为水分过多导致温度较低、通气不良，抑制了根系生长（Skinner et al.，1998）。然而，在 40～80cm 土层，固定隔沟灌溉固定施氮（水氮异区）下非灌水侧的根长密度反而较灌水侧增大。可能由于灌水侧持续供应水分，过多的水分下渗到土层深处反而不利于根系生长（郭相平 等，2001），相反非灌水边的亏水反而会促进根系的深扎（Xue et al.，2003）。

研究表明，根长密度随土层深度的增加呈指数下降（表 4.5），这与前人的研究结果一致（Ahmadi et.，al 2011；Zhang et al.，2012）。但在不同处理间也存在差异：任一施氮方式下，与均匀隔沟灌溉和固定隔沟灌溉相比，交替隔沟灌溉使得 α 和 β 的值增大（表 4.5），表明交替隔沟灌溉使根长密度随土层深度的增加而降低的趋势加剧。这与 Ahmadi et al.（2011）在 APRI 下关于土豆根系在沙壤土中垂直分布的研究结果相一致。但是，在 60～100cm 土层，交替隔沟灌溉的根长密度依然大于均匀隔沟灌溉和固定隔沟灌溉处理（交替隔沟灌溉、均匀隔沟灌溉和固定隔沟灌溉的根长密度分别是 $0.065cm/cm^3$、$0.059cm/cm^3$ 和 $0.052cm/cm^3$）。以上说明交替隔沟灌溉不但有利于表层（0～40cm）根系的生长，而且促进了深层（60～100cm）根系的生长。

4.5.2 灌水施氮方式影响根系的变化动态和总量

均匀施氮下抽雄期、灌浆期和成熟期，与均匀隔沟灌溉相比，交替隔沟灌溉使植株下根长密度增加，固定隔沟灌溉使植株下和非灌水侧的根长密度减小（图 4.3）。可能的原因是，交替隔沟灌溉使在垂直剖面或水平面上的土壤干燥区域交替出现，可使不同区域或部位的根系交替经受一定程度的干旱锻炼，从而多次利用不同根区交替灌水对根系生长补偿效应的刺激作用（梁宗锁 等，2000a）。这进一步验证了根系生长和吸收功能的补偿效应是植物适应环境的重要机制（Ben-Asher et al.，1992）。而固定隔沟灌溉下，灌水边持续供水，非灌水边始终处于缺水状态，导致该侧根系生长受到抑制（Kang et al.，1998），也影响到植株下根系的生长。研究还发现，与均匀施氮相比，均匀灌水时，各监测时期（除拔节期）交替施氮的根长密度与其无明显差异，而固定施氮使植株下和非施氮侧根长密度减小。原因在于，本试验中玉米全生育期施氮量为 $200kg N/hm^2$，是当地传统施肥方式下比较合适的氮肥用量（杨荣 等，2009）。均匀施氮同时给玉米行两侧的沟中同时施肥，可使氮肥均匀分布在作物根系周围，并维持上层土壤合适的氮素水平，进而有利于根系生长。固定施氮下植株南、北两侧的氮素分布极不均匀，从而抑制根系生长（Li et al.，2009）。从较长时间来看，交替施氮也可使根系主要分布层维持适量而均匀的氮素供应，效果明显优于均匀施氮。综上，当交替隔沟灌溉与均匀施氮或交替施氮结合时能促进根系生长。

本研究中，与均匀隔沟灌溉和交替隔沟灌溉相比，固定隔沟灌溉增加灌浆和成熟期灌水侧根长密度，且使抽雄期到灌浆期根长密度的增幅有所增加（图4.3）。这可能与玉米不同生育期需水量有关，抽雄期—灌浆期地上部分生长迅速，需水量较大（Cakir，2004）。恰好该阶段根系生长与地上部分同步（李玉贞等，1999），局部范围内相对充足的水分供应有利于根系生长（Asseng et al.，1998）。研究还发现，固定施氮下，抽雄期玉米施氮侧的根长密度明显小于未施氮侧，灌浆期和成熟期则相反。可能的原因是：一方面，根系的生长对土壤肥力的反应明显，具有一定的向肥性（Benjamin et al.，2006），而施氮肥是提高土壤肥力的有效措施，氮肥可明显改善土壤肥力，促进根系生长，增加根毛密度，扩大作物觅取水分及养分的土壤空间，增强根系生理功能（吕爱枝 等，2007）；另一方面，抽雄期固定施氮的施氮侧已经连续施用了两次肥料，土壤氮素水平较高，可能导致根系生长不良（Tian et al.，2008）。此外，玉米抽雄期以前，表层土壤自身有一定的供氮水平，而且根系自身生长旺盛（郭庆发，2004），未施氮反而有利于根系的生长，适量减少氮素供应会促进根系生长（于洲海 等，2009）；而到了后期，根系自身趋于衰老，未施氮侧固有的土壤养分消耗殆尽，这更加剧了根系的衰老，而施氮侧施用的未被利用的氮肥明显延缓了后期根系的衰老（Joseph et al.，1997）。说明局部范围内相对充裕的水分或养分供应促进玉米中后期的根系生长，并延缓相应位置根系的衰老。其机理尚需进一步的试验研究来揭示。

4.5.3 根系建成参数与产量的关系

在争取玉米大面积高产栽培中，根的研究越来越受到人们的重视，但对根系的调控指标目前还研究较少。为了定量描述下部根系形成，为地下部的定量调控提供参考，在本试验条件下，建立了产量与地下根系建成参数之间的定量关系——式（4.3）。这是一个二元非线性方程，当 $\partial Y/\partial X_2=0$ 时，解得 $X_1=1.38$、$X_2=0.75$，求得 Y 的最大值为 $6514.28kg/hm^2$，因此玉米产量在 $6514.28kg/hm^2$ 以下时，灌浆期 $0\sim40cm$ 土层根系起重要作用；当产量在 $6514.28kg/hm^2$ 以上，则可能有其他因子起重要作用。根据式（4.3），较高的根质量配合较短的根长，或较长的根长配合较低的根质量，均能取得某一定籽粒产量。但由于根质量和根长本身的内在联系，它们只能在某一定范围内起替代作用。至于具体范围，仍需进一步研究。从式（4.3）还可看出，X_1 的系数明显小于 X_2 的系数，也就是说 $0\sim40cm$ 土层细长的根系有明显的增产作用。

4.6 小结

本章分析了不同灌水施氮方式对玉米根系生长分布的影响以及根系建成与籽粒产量的关系，结论如下：

（1）相比植株南、北两侧，植株下方 0～40cm 土层比 40～100cm 土层的根系生长受灌水施氮方式影响更大，且与施氮方式、灌水方式和施氮方式交互作用相比，根系生长受灌水方式影响更大。这说明灌水施氮方式对根系生长的影响主要体现在 0～40cm 土层和植株南、北两侧。

（2）灌浆期，0～40cm 土层，在交替隔沟灌溉或均匀隔沟灌溉结合交替施氮或均匀施氮时，植株南、北两侧的根长密度值无明显差异，固定隔沟灌溉灌水侧和固定施氮侧的根长密度大于其非灌水侧和非施氮侧（固定隔沟灌溉固定施氮水氮异区除外）。一般地，任一施氮方式下，与均匀隔沟灌溉相比，交替隔沟灌溉能增加根长密度，固定隔沟灌溉则减小根长密度。任一灌水方式下，与均匀施氮相比，交替施氮下的根长密度与之相当，固定施氮会减小根长密度。垂直剖面内，根长密度随土层深度呈指数下降：$RLD = \alpha \exp(-\beta z)$。交替隔沟灌溉交替施氮或均匀施氮的 α 和 β 值较其他处理明显增大，而固定隔沟灌溉固定施氮的 α 显著小于其他处理。此外，在抽雄期、灌浆期和成熟期，交替隔沟灌溉交替施氮或均匀施氮的 0～100cm 土层的根长、根干质量和根表面积明显大于其他处理，而固定隔沟灌溉固定施氮的 0～100cm 土层的根长、根干质量、根表面积明显小于其他处理。以上结果表明，交替隔沟灌溉结合交替施氮或均匀施氮有利于根系生长分布均匀并促进根系生长。

（3）0～40cm 土层，不同灌水施氮方式下根长密度的差异主要体现在抽雄期、灌浆期和成熟期。与交替隔沟灌溉和均匀隔沟灌溉相比，固定隔沟灌溉下灌水侧的根长密度在灌浆期和成熟期增加。与均匀施氮相比，固定施氮下施氮侧根长密度在灌浆期和成熟期增加。这说明局部范围内相对充裕的水分或养分供应可以促进此区域玉米灌浆期和成熟期的根系生长。

（4）与拔节期和大喇叭口期相比，玉米籽粒产量与抽雄期、灌浆期和成熟期的根（根长密度、根干质量密度和根表面积密度更加密切，且与灌浆期 0～40cm 土层的根长密度、根干质量密度和根表面积密度达极显著正相关。玉米穗数和千粒质量也与灌浆期 0～40cm 土层的根密度间存在密切关系。

（5）籽粒产量 Y（kg/hm^2）与根长密度 X_1（cm/cm^3）、根干质量密度 X_2（mg/cm^3）以及根表面积密度 X_3（cm^2/cm^3）间的关系可表示为指数模型 $Y = 2102 X_1^{1.03} X_2^{0.92} X_3^{0.45}$ 以及多项式模型 $Y = 2272.98 + 1937.21 X_1 + 3553.85 X_2 - 2581.76 X_1 X_2$。

第 5 章

不同灌水施氮方式对玉米氮素吸收、利用及肥料氮去向的影响

氮是作物生长消耗量最大的元素之一，作物吸收的氮主要来自土壤氮和施入的氮肥两部分。氮肥施用是提高作物产量和品质的重要手段。氮素在土壤中的累积效应具有两重性：一方面，土壤中的氮素具有很高的氮肥替代值，并且在土壤剖面累积的土壤 $NO_3^- - N$ 显著影响氮肥肥效（Cassman et al.，2003）；另一方面，土壤剖面累积的土壤 $NO_3^- - N$ 在管理不当以及在灌溉或降雨较多的情况下逐渐向下层土壤迁移，成为土壤和地下水的潜在污染源（巨晓棠 等，2003a）。解决土壤剖面中土壤 $NO_3^- - N$ 的累积问题，主要是合理地施肥与灌溉，提高氮肥的肥效（Zhu et al.，2002；巨晓棠 等，2003b）。

前人对 APRI 条件下氮素吸收和利用做了大量研究，如李平等（2009）、李培岭等（2010）。同时，相同灌水施氮水平下，不同灌水方式对氮素吸收及利用也有相关报道（Hu et al.，2009；王春晖 等，2014）。与常规沟灌均匀撒施氮肥相比，固定隔沟灌溉（水肥异区）有利于增加作物对氮素的吸收，被认为是半湿润地区较好的灌水施氮组合模式（Skinner et al.，1998；谭军利 等，2005；刘小刚 等，2008）。然而，与不同施氮方式结合时交替隔沟灌溉下作物对氮素的吸收、利用及肥料氮的去向尚不明确。为此，本章重点研究不同灌水施氮方式下玉米对氮素吸收、利用和肥料氮的去向。

5.1 玉米对氮素吸收与利用

由表 5.1 可知，秸秆和籽粒吸氮量表现如下：AAT 与 AC 处理大于 AAY、CA 和 CC 处理，AAY、CA 和 CC 处理间差异不显著。氮收获指数（NHI）和氮素利用效率（NUE）表现如下：不同处理间 NHI 的差异同吸氮量，NUE 表现为 AAT 与 AC 处理＞AAY 处理＞CA 与 CC 处理。说明交替隔沟灌溉均匀施氮或交替隔沟灌溉交替施氮（水氮同区）有利于提高玉米的吸氮量、氮收获指

数和氮素利用效率。

表 5.1　　　　　不同灌水施氮模式下玉米的吸氮量、氮收获指数和
氮素利用效率

处理	秸秆吸氮量 /(kg/hm^2)	籽粒吸氮量 /(kg/hm^2)	氮收获指数 /%	氮素利用效率 /(kg/kg)
AAT	98.4a	50.4a	66.1a	20.5a
AAY	83.4b	47.4b	63.8b	18.7ab
AC	102.5a	53.6a	65.7a	21.0a
CA	75.6c	44.3b	63.1b	17.6b
CC	77.4c	45.8b	62.8b	17.3b

5.2　土壤氮和肥料氮的吸收及分配

玉米各器官土壤氮的积累量及比例显著高于肥料氮（表 5.2）。各处理对氮素的积累量及分配比例均表现为：籽粒＞叶片＞茎＋叶鞘＞苞叶＋穗轴。玉米对肥料氮和土壤氮的吸收比例约为 4:6，土壤氮占整个植株吸氮量的 60% 左右，处理间差异不明显（$P > 0.05$），说明土壤氮是植物吸收的主要氮源。

与 CC 处理相比，AAT、AAY 和 AC 处理的籽粒吸收肥料氮的氮量和分配比例显著增加（$P < 0.05$），CA 处理的相应数值差异不显著。然而，AAT、AAY 和 AC 处理的叶片吸收的肥料氮的分配比例明显降低。此外，AAT 和 AC 处理的各器官从土壤中吸收的氮量显著大于 CA 和 CC 处理（$P < 0.05$）。这说明施氮方式对籽粒吸收肥料氮没有显著影响。与均匀隔沟灌溉相比，交替隔沟灌溉促进了玉米对肥料氮和土壤氮的吸收。

表 5.2　　　　　不同来源氮素在玉米各器官中的积累与分配

氮素来源	处理	氮素累积量/(kg/hm^2)					分配比例/%				
		叶片	茎＋叶鞘	苞叶＋穗轴	籽粒	合计	叶片	茎＋叶鞘	苞叶＋穗轴	籽粒	合计
肥料氮	AAT	9.26	6.81	3.32	36.89a	56.28	6.22b	4.58	2.23	24.79a	37.82
	AAY	10.26	6.27	3.03	33.58b	53.14	7.85b	4.79	2.32	25.67a	40.63
	AC	7.96	7.19	3.48	39.38a	58.01	5.10b	4.61	2.23	25.23a	37.17
	CA	11.91	5.28	2.71	27.66c	47.56	9.43a	4.90	2.26	23.07b	39.66
	CC	10.63	5.18	2.66	28.89c	47.36	8.63a	4.21	2.16	23.45b	38.45

氮素来源	处理	氮素累积量/(kg/hm²)					分配比例/%				
		叶片	茎+叶鞘	苞叶+穗轴	籽粒	合计	叶片	茎+叶鞘	苞叶+穗轴	籽粒	合计
土壤氮	AAT	19.52a	11.19a	5.46a	56.34a	92.51	13.12	7.52	3.67	37.87	62.18
	AAY	16.93b	9.16b	4.43b	47.14b	77.66	12.94	7.01	3.38	36.04	59.37
	AC	21.28a	12.16a	5.88a	58.75a	98.07	13.63	7.79	3.77	37.64	62.83
	CA	15.48b	8.03b	4.12b	44.71b	72.34	12.91	6.70	3.44	37.29	60.34
	CC	16.47b	8.74b	4.49b	47.64b	77.34	13.37	7.09	3.64	38.67	62.77

注　同一氮素来源同列数字后不同字母表示差异性达 0.05 显著水平。

5.3　肥料氮的去向

无论何种灌水施氮方式，玉米收获后 0～100cm 土层土壤肥料氮残留量显著大于作物对肥料氮的吸收量和损失量（$P < 0.05$）。不同的是，AI 处理下作物吸收肥料氮的量大于其损失量，尽管二者的差异不具有统计学意义。而 CI 处理下肥料氮损失量显著大于作物吸收的肥料氮（$P < 0.05$）。从表 5.3 中可以看出，作物对肥料氮的吸收量表现为 AAT、AAY 与 AC 处理显著大于 CA 和 CC 处理，肥料氮的损失量则与之相反。0～100cm 土层残留的肥料氮表现为 AAY 处理＞AAT 与 AC 处理＞CA 与 CC 处理。不同处理下作物对肥料氮的吸收率在 22.93%～29.01% 之间，损失率在 27.41%～34.88% 之间，土壤残留率在 41.85%～47.66% 之间，说明施氮方式对肥料氮的去向无显著影响。与均匀隔沟灌溉相比，交替隔沟灌溉促进玉米对肥料氮的吸收，减少肥料氮的损失，增加 0～100cm 土层土壤肥料氮的残留量。

表 5.3　　　　肥料氮的去向

处理	施氮量/(kg N/hm²)	作物吸收氮		0～100cm 土壤残留氮		损失氮	
		吸收量/(kg/hm²)	吸收率/%	残留量/(kg/hm²)	残留率/%	损失量/(kg/hm²)	损失率/%
AAT	200	56.28a	28.14a	88.91b	44.46b	54.81b	27.41b
AAY	200	53.14a	26.57a	95.31a	47.66a	51.55b	25.78b
AC	200	58.02a	29.01a	89.34b	44.67b	52.64b	26.32b
CA	200	47.56b	23.78b	83.70c	41.85c	68.74a	34.37a
CC	200	45.86b	22.93b	84.38c	42.19c	69.76a	34.88a

5.4　残留肥料氮在土壤中的分布

经分析发现，收获时同一灌水施氮方式下的 ^{15}N 含量在植株不同位置（植株北侧、植株南侧和植株下方）间无显著差异，所以取植株南侧、植株北侧和植株下方 ^{15}N 含量的平均值进行分析。其在 0～100cm 土层的垂直分布如图 5.1 所示。可以看出，各处理土壤肥料氮的含量自上而下呈减少趋势，氮肥残留主要集中在上层土壤，在 20～40cm 土层最大，在 60～100cm 土层急剧减小。土壤肥料氮含量在不同土层表现如下：0～60cm 土层，AAY 处理＞AAT 与 AC 处理＞CA 与 CC 处理（$P<0.05$）；60～100cm 土层，CC 与 CA 处理显著大于其他处理。可见，施氮方式相同时，与传统隔沟灌溉相比，交替隔沟灌溉增加氮肥在 0～60cm 土层的残留量，交替隔沟灌溉交替施氮水氮异区时氮肥残留量更大。

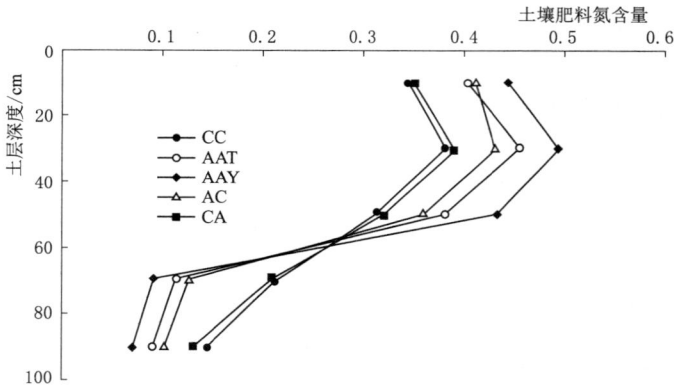

图 5.1　不同处理 ^{15}N 含量在 0～100cm 土层的垂直分布

5.5　讨论

交替隔沟灌溉可明显增加作物的吸氮量（Wang et al., 2010a, Wang et al., 2010b）。本书研究证实了这一点，且这一效应在交替施氮或均匀施氮下得到放大（表 5.1）。可能的原因是，植株从土壤吸收氮素的能力与根系的表面积和土壤中可利用氮素的水平紧密相连（Wang et al., 2009）。一方面，交替隔沟灌溉的补偿作用不但可明显促进根系生长，而且可促进有机氮转化为矿物质氮，使更多的矿物质氮被植物利用（Wang et al., 2010b），更为重要的是，由于干湿沟交替出现，交替隔沟灌溉保持了良好的通风和土壤水条件，从而增加了土壤微生物的活性并促进氮素吸收（Wang et al.，2008）；另一方面，均匀施氮或交替施氮下植株两侧土壤 $NO_3^- - N$ 分布均匀且在根际周围含量较高，从而易于被根系吸收。进一步地，马存金等（2014）发现植株吸氮量与根长密度呈显著性正相关，本书研究与之类似（交替隔沟灌溉配合交替施氮或均匀施氮的吸氮量和根长密度均较其他处理增大）。此外，其产量（表3.1）也最大，在各处理间施氮量相同、初始矿物质氮含量相近的情况下，交替隔沟灌溉均匀施氮或交替隔沟灌溉交替施氮（水氮同区）获得了最高的氮素利用效率。

通过 ^{15}N 示踪技术，Wang et al.（2009）比较了盆栽条件下同等灌水量时交替灌水和均匀灌水对土豆吸氮量的影响，发现交替灌水显著提高了土豆的叶子、茎秆和块茎的含氮量，但是不同灌水方式对各器官中肥料氮的含量没有显著影响。本书中，无论均匀施氮还是交替施氮，交替隔沟灌溉显著提高了玉米的吸氮量（表5.1），这点与 Wang et al.（2019）的结果相一致。然而，与均匀隔沟灌溉相比，交替隔沟灌溉下籽粒对肥料氮的吸收显著增加（表5.2）。可能的原因是，作物对氮的吸收主要取决于根系吸收面积和土壤中可利用氮的总量两方面（Skinner et al.，1999）。其中，交替灌水可以增加土壤中可利用氮含量被广泛接受（Wang et al. 2009；Wang et al.，2013），而交替灌水可显著促进根系生长则存在争议。早期一些结果发现交替灌水可促进根系生长特别是次生根的生长（Liang et al.，1996；Mingo et al.，2004），而 Ahmadi et al.（2008）发现灌溉方式对土豆的根系生长和分布并没有影响。本书中交替隔沟灌溉促进了根系生长（第4章），进而改善了对肥料氮的吸收。但 Ahmadi et al.（2008）采用盆栽试验，相对狭小的作物生长空间可能限制了根系的生长及其作用的发挥，客观上会对整体结果产生影响（Sadras，2009）。除此之外，交替灌水的一大优势在于减少作物生长冗余，使光合产物在不同器官之间最优分配（Graterol et al.，1993）。本书中，与均匀隔沟灌溉相比，交替隔沟灌溉下作物收获指数较高，叶片中肥料氮的含量较低（表5.2），说明交替隔沟灌溉可能促进了叶片氮向籽粒氮的转化。而在 Wang et al.（2009）的试验中，灌溉处理只维持了四周时间，较短的试验时间可能还没有促使吸收的氮肥从营养器官向生殖器官转移。

在半干旱地区，邢维芹等（2003a）对玉米水肥空间耦合效应进行了研究，发现灌水量相同时，0~60cm 土层中土壤氮素残留量大小顺序为：水肥异区交替灌水＞水肥同区交替灌水＞均匀施肥交替灌水。本书中，收获后肥料氮残留量在0~60cm 土层中表现出相似的规律（图5.1）。这与不同灌水方式下土壤水分运动有关，均匀隔沟灌溉下土壤水分以垂直运动为主，发生深层渗漏的概率大，而交替隔沟灌溉可有效减少深层渗漏的发生（李彩霞 等，2007）。谭军利等（2005）明确了其减少深层渗漏的条件，灌水量必须受到严格的控制，当次灌水量为低水平 $450m^3/hm^2$ 时，灌水区和非灌水区水势梯度差异明显，表层养分含量较高；当次灌水量为高水平 $900 \text{m}^3/\text{hm}^2$ 时，灌水区与非灌水区水势无显著差异，养分离子发生了强烈的淋洗。本书中次灌水量（45mm）为谭军利等（2005）研究中的低水平值，生育期内唯一一次较大降水发生在抽丝期，离最后一次施氮间隔大。因此，交替隔沟灌溉下肥料氮残留量较大。

进一步地，王春晖等（2014）发现交替灌水可减少土壤 $NO_3^- - N$ 的淋洗，并能够促进 $60 \sim 100 \text{cm}$ 土层的土壤 $NO_3^- - N$ 向 $0 \sim 40 \text{cm}$ 土层迁移。本书研究结果与之一致，且这一效果在 AAY 处理中更为显著（图 5.1），可能是因为每次灌水区和施氮区分开，增大了施肥区的氮素含量（邢维芹 等，2003b）。与之相对的是，均匀隔沟灌溉下肥料氮的残留量在 $60 \sim 100 \text{cm}$ 土层中明显增大（图 5.1），说明交替隔沟灌溉利于施用的氮肥更多地残留在 $0 \sim 60 \text{cm}$ 土层，特别是在水氮异区条件下。然而，本书中交替隔沟灌溉下 $0 \sim 60 \text{cm}$ 土层中土壤 $NO_3^- - N$ 残留却表现出相反的趋势。这可能是交替隔沟灌溉下更多的土壤 $NO_3^- - N$ 被作物利用（表 5.1）。但具体原因尚不清楚，需要进一步研究。

氮肥施入土壤后有 3 个去向：一是被当季作物吸收利用；二是以各种形式残留于土壤中；三是通过氨挥发、反硝化和硝酸盐淋洗等途径损失（巨晓棠 等，2003）。本书的试验中，交替隔沟灌溉均匀施氮下玉米对肥料氮的吸收率最高（29.01%），这一数值接近徐明杰等（2015）报道的大田优化施氮方式下玉米对肥料氮的吸收率（32.54%），但明显小于吴永成等（2011）报道的模拟土柱玉米在相近施氮量（$180 \text{kg N}/\text{hm}^2$）下的氮肥吸收率（47.78%）。氮肥残留率方面，各处理残留率（41.85% $\sim$ 47.66%）与吴永成等（2011）的结果（40.75% $\sim$ 47.48%）相差不大，而损失率（27.41% $\sim$ 34.88%）明显大于吴永成的结果（9.03% $\sim$ 13.08%）。这主要是因为吴永成的研究以 $0 \sim 200 \text{cm}$ 土层作为有效吸收层，而本书的试验只对 $0 \sim 100$ 土层做了研究。另外，由于试验地区蒸发量较大，可能增加了由于氨挥发而造成的损失量（Zhu et al.，2002）。

本研究发现，无论何种施氮方式，与均匀隔沟灌溉相比，玉米在交替隔沟灌溉下的吸氮量显著增加，而损失量明显减少（表 5.3）。这与胡田田等（2005）、Hu et al.（2009）在盆栽试验下的结果相一致，说明灌水方式决定了施入肥料氮的去向。研究还表明，肥料氮的利用率与根长密度呈正相关（张丽娟 等，2005）。本书试验中，交替隔沟灌溉下根长密度较均匀隔沟灌溉大，可能增加了作物对肥料氮的吸收量，减少了其损失量（表 5.3）。

此外，值得一提的是交替隔沟灌溉交替施氮（水氮异区）的肥料氮残留率最大（表 5.3），这些残留氮不一定会立即损失，只要管理得当，还会起到补充土壤氮库的作用，具有重要意义（巨晓棠 等，2003a）。

5.6 小结

本章分析了不同灌水施氮方式对玉米氮素吸收、利用和肥料氮的去向的影响，结论如下：

（1）在任一施氮方式下，与均匀隔沟灌溉相比，交替隔沟灌溉增大作物对氮素的吸收量和氮素利用效率；在任一灌水方式下，与均匀施氮相比，交替施氮下吸氮量和氮素利用效率与之相当，固定施氮减小吸氮量和氮素利用效率。说明交替隔沟灌溉交替施氮（水氮同区）或交替隔沟灌溉均匀施氮有利于提高玉米对氮素的利用率。

（2）当灌水方式相同时，玉米对肥料氮的吸收、分配及去向在交替施氮和均匀施氮间无明显差异。当施氮方式相同时，与均匀隔沟灌溉相比，交替隔沟灌溉增加玉米对肥料氮的吸收，特别在籽粒对肥料氮的吸收方面。说明与常规隔沟灌溉相比，交替隔沟灌溉促进玉米对肥料氮的吸收。

（3）在任一施氮方式下，交替隔沟灌溉下玉米对肥料氮吸收率（26.57％～29.01％）与其损失率（25.78％～27.41％）相近，而均匀隔沟灌溉下肥料氮的损失率（34.37％～34.88％）明显大于其被作物吸收的吸收率（22.93％～23.78％）。与均匀隔沟灌溉相比，交替隔沟灌溉下 0～100cm 土层肥料氮的残留量明显增加。说明与常规隔沟灌溉相比，交替隔沟灌溉减少肥料氮的损失量，增加 0～100cm 土层中土壤肥料氮的残留量。

第6章

不同灌水施氮方式对玉米叶片衰老特性的影响

研究表明，如果玉米后期细胞间的活性氧产生与清除之间的平衡受到破坏，会积累活性氧并对细胞造成伤害，从而加速叶片衰老，对籽粒灌浆造成不利影响，最终降低作物产量（Foyer et al.，1994；李广浩 等，2017）。与常规均匀灌水（CI）相比，轻度水分胁迫下 APRI 可以维持叶片丙二醛（MDA）含量（Hu et al.，2010），提高可溶性糖和可溶性蛋白含量（汪耀富 等，2006）、超氧化物歧化酶（SOD）、过氧化物酶（POD）和过氧化氢酶（CAT）活性及脯氨酸含量。与均匀施氮相比，交替施氮能够提高玉米叶片的 POD 活性，降低其 MDA 含量（原丽娜 等，2010；张文东 等，2017），对作物抗氧化能力的提高起到一定的积极作用（原丽娜 等，2008）。关于水肥均匀供应条件下作物叶片生理特性和产量的研究已有大量报道。张仁和等（2012）研究发现干旱胁迫下适量施氮显著提高保护酶（SOD、POD 和 CAT）活性，降低膜质过氧化程度，全面改善叶片光合功能和内在的生理特性。Li et.al（2020）研究发现中度亏水配合控释尿素可延缓叶片衰老，提高光合速率和叶绿素含量，使玉米产量增加。可见，通过合理的水氮调控能够改善作物叶片的生理特性，是提高作物产量的重要途径之一。

笔者研究了不同灌水施氮方式对玉米根系生长（漆栋良 等，2015）、土壤硝态氮变化（漆栋良 等，2017）和收获指数及水氮利用效率（漆栋良 等，2018）的影响。然而，关于水肥同时非均匀供应下的作物叶片的生理特性与产量的形成机制尚不明确。基于此，本书进行春玉米的局部灌水施氮试验研究，利用作物生长空间上水氮调控的协同效应，调控叶片的叶面积、叶绿素含量、抗氧化酶活性和膜质过氧化作用 等，提高其抗衰老能力，达到高产、高效、节水、节肥的目的，研究结果可为水肥资源高效利用提供一定依据。

6.1　对玉米叶面积指数（*LAI*）的影响

由图 6.1 可知，随着生育期的推进，各处理的 *LAI* 均在抽雄后 14d 达到峰值，其中 AIANS 处理的 *LAI* 最大（5.0），CICN 处理的 *LAI* 最小（4.5）；其后，各处理的 *LAI* 均明显下降，在抽雄后 35d 降至最低。与抽雄后 14d 相比，抽雄后 35d 时，CICN、CIAN、AICN、AIANS 和 AIAND 处理的 *LAI* 分别显著减少 41.30%、40.03%、32.65%、36.00% 和 34.78%（$P<0.05$）。不同处理间的 *LAI* 表现为：与 CICN 处理相比，CIAN 处理的 *LAI* 在各监测时期均差异不显著（$P>0.05$）；AICN 与 AIANS 处理的 *LAI* 显著增加 8.8%～20.1%（$P<0.05$）；AIAND 处理的 *LAI* 在抽雄期和抽雄期后 7d 和 14d 差异不显著（$P>0.05$），抽雄后 21d、28d 和 35d 显著增加 7.7%～17.4%（$P<0.05$）。监测时期内 AIANS 与 AICN 处理间的 *LAI* 差异不显著（$P>0.05$），但较 AIAND 处理的 *LAI* 显著增加 7.5%～14.3%（$P<0.05$）。说明交替灌水均匀施氮与交替灌水交替施氮水氮协同供应利于提高并维持抽雄期及其以后 35d 内玉米的叶面积指数。

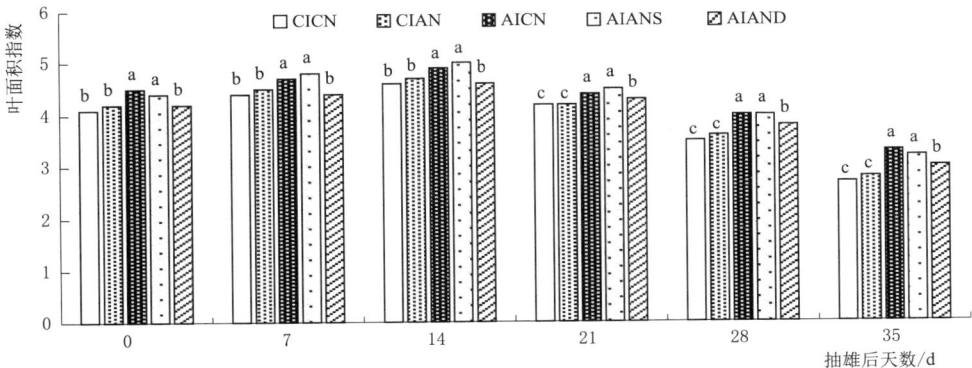

图 6.1　不同灌水施氮方式对玉米叶面积指数的影响

6.2　对玉米穗位叶叶绿素含量的影响

由图 6.2 可知，随着生育期的推进，各处理玉米穗位叶叶绿素含量在抽雄后 14d 达到峰值，其中 AIANS 处理的叶绿素含量最大（3.9mg/g），CICN 处理的叶绿素含量值最小（3.1mg/g）。其后，各处理的叶绿素含量值均下降，在抽雄后 35d 降至最低。与抽雄后 14d 相比，抽雄后 35d 时，CICN、CIAN、

AICN、AIANS 和 AIAND 处理的叶绿素含量分别显著减少 33.16％、34.38％、31.58％、30.77％和 27.27％（$P<0.05$）。监测时期内，不同处理间叶绿素含量在表现为：与 CICN 处理相比，CIAN 处理的叶绿素含量无显著差异（$P>0.05$）；AIANS 和 AICN 处理的叶绿素含量显著增加 11.1％～28.4％（$P<0.05$）；AIAND 处理的叶绿素含量显著增加 8.1％～14.4％（$P<0.05$）；而且 AICN 与 AIANS 处理间的叶绿素含量差异不显著（$P>0.05$），但较 AIAND 处理的值显著增加 8.3％～12.2％（$P<0.05$）。说明交替灌水均匀施氮和交替灌水交替施氮水氮协同供应利于提高抽雄期及以后 35d 内的玉米穗位叶的叶绿素含量。

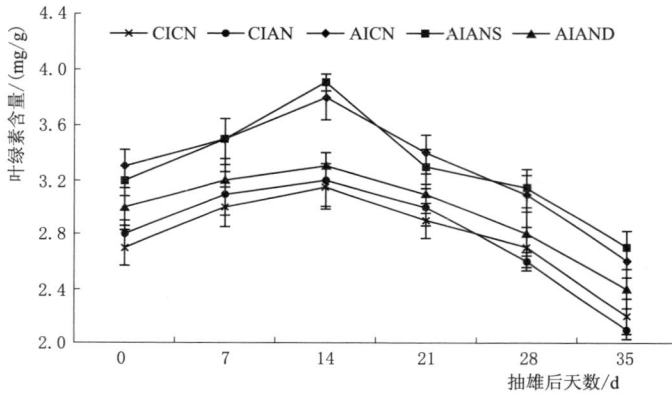

图 6.2　不同灌水施氮方式对玉米穗位叶叶绿素含量的影响

6.3　对玉米叶片保护酶活性的影响

由表 6.1 可知，各处理玉米穗位叶的 SOD、POD 和 CAT 活性均在灌浆期达到峰值，其中 AIANS 处理的 SOD、POD 和 CAT 活性整体最高。抽雄期、灌浆期和乳熟期玉米穗位叶的 SOD 活性均表现为：与 CICN 处理相比，CIAN 处理的值无显著差异（$P>0.05$）；AICN、AIAND 和 AIANS 处理的值显著增加（$P<0.05$），且 AICN 与 AIANS 处理间 SOD 活性差异不显著，但显著大于 AIAND 处理的值（$P<0.05$）。抽雄期玉米穗位叶的 POD 活性表现为：AICN 与 AIANS 处理间差异不显著（$P>0.05$），但显著高于 AIAND、CICN 和 CIAN 处理（$P<0.05$）；不同处理间玉米灌浆期和乳熟期穗位叶的 POD 活性的差异与同一时期不同处理间的 SOD 活性差异规律相似。玉米穗位叶的 CAT 活性表现为：抽雄期，CICN 与 CIAN 处理间无显著差异（$P>0.05$），但明显小于其他处理（$P<0.05$）；灌浆期，AIANS 处理最大，AICN 与 AIAND 处理次之，CICN 与 CIAN 处理最小（$P<0.05$）；乳熟期，AIAND 处理最大，AIANS 与 AICN 处理次之，CICN 与 CIAN 处理最小（$P<0.05$）。可见，无论采用何种施氮方式，交替灌水均有利于提高玉米叶片的保护酶活性。

表 6.1　　不同灌水施氮方式对玉米抽雄期、灌浆期和乳熟期穗位叶 SOD、POD 和 CAT 活性的影响

处理	SOD 活性/[U/(g·min)]			POD 活性/[μg/(g·min)]			CAT 活性/[μmol H_2O_2/(g·min)]		
	抽雄期	灌浆期	乳熟期	抽雄期	灌浆期	乳熟期	抽雄期	灌浆期	乳熟期
CICN	710c	745c	703c	56.53b	64.11c	50.54c	24.54b	32.54c	21.11c
CIAN	720c	753c	710c	58.96b	70.54c	55.43c	25.38b	35.65c	22.34c
AICN	794a	808a	786a	65.87a	81.76a	68.75a	30.12a	44.87b	27.82b
AIANS	787a	810a	790a	67.82a	85.43a	67.11a	32.11a	48.14a	28.98b
AIAND	750b	777b	754b	60.53b	76.12b	60.45b	30.14a	43.13b	35.42a

注　同列数字不同字母表示差异性达 0.05 显著水平；SOD、POD 和 CAT 均按单位鲜重计；下同。

6.4　对玉米穗位叶丙二醛（MDA）含量的影响

由图 6.3 可知，监测时期内，不同处理玉米穗位叶的 MDA 含量在灌浆期达到峰值，其中 CICN 处理的 MDA 含量最高（6.13μmol/g FW[①]），AIANS 处理的 MDA 含量最低（5.37μmol/g FW）。玉米抽雄期、灌浆期和乳熟期穗位叶的 MDA 含量均表现为：与 CICN 处理相比，CIAN 的值差异不显著（$P>0.05$），

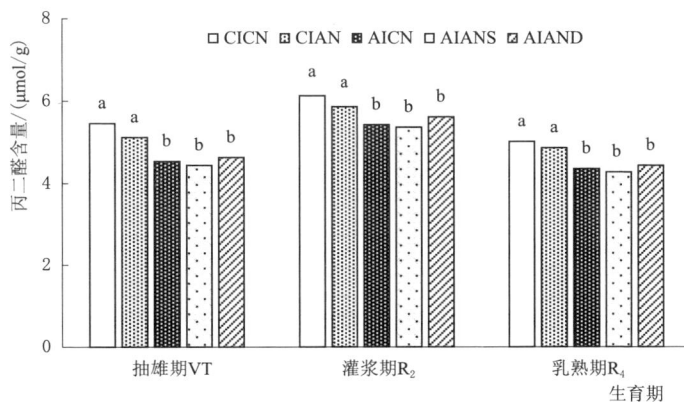

图 6.3　不同灌水施氮方式对玉米穗位叶 MDA 含量的影响

（同一时期同列数字不同字母表示差异性达 0.05 显著水平。）

---

① FW 为鲜重，fresh weight。

AIAND、AIANS 与 AICN 处理的值显著减少（$P < 0.05$）；且 AIAND、AIANS 与 AICN 处理间的 MDA 含量差异不显著（$P > 0.05$）。说明无论采用何种施氮方式，交替灌水均有利于减少 MDA 含量，从而减轻玉米叶片的膜质过氧化程度。

6.5　对玉米穗位叶可溶性糖、可溶性蛋白和脯氨酸含量的影响

由表 6.2 可知，各处理玉米穗位叶的可溶性糖和脯氨酸含量均在灌浆期达到峰值，其中 CIAN 处理的可溶性糖和脯氨酸含量最大，分别是 39.55mg/g 和 78.14mg/g。抽雄期和灌浆期，玉米叶片可溶性糖和脯氨酸含量均表现为：与 CICN 处理相比，CIAN 处理的值差异不显著（$P > 0.05$）；AIAND、AIANS 与 AICN 处理的值显著减小，且 AIAND 处理的可溶性糖和脯氨酸含量较 AIANS 和 AICN 处理显著增加（$P < 0.05$）；乳熟期，不同处理间的可溶性糖含量差异不显著，脯氨酸含量表现为：CICN 与 CIAN 处理无显著差异，但显著大于其他处理（$P < 0.05$），其他处理间差异不显著。玉米穗位叶可溶性蛋白含量表现为：抽雄期和灌浆期，与 CICN 处理相比，CIAN 处理的值差异不显著（$P > 0.05$），但显著小于 AICN、AIANS 与 AIAND 处理（$P < 0.05$）；且 AICN 与 AIANS 处理显著大于 AIAND 处理（$P < 0.05$）；乳熟期，可溶性蛋白含量在 AICN 与 AIANS 处理间差异不显著，但显著大于其他处理（$P < 0.05$），其他处理间差异不显著（$P > 0.05$）。说明交替灌水均匀施氮和交替灌水交替施氮水氮协同供应利于提高可溶性蛋白含量，但降低可溶性糖含量和脯氨酸含量。

表 6.2　　不同灌水施氮方式对玉米抽雄期、灌浆期和乳熟期穗位叶

可溶性糖、可溶性蛋白和脯氨酸含量的影响　　　　　单位：mg/g

处理	可 溶 性 糖			可 溶 性 蛋 白			脯 氨 酸		
	抽雄期	灌浆期	乳熟期	抽雄期	灌浆期	乳熟期	抽雄期	灌浆期	乳熟期
CICN	33.12a	37.84a	20.17a	15.84c	12.34c	6.21b	48.45a	77.87a	40.11a
CIAN	34.13a	39.55a	20.65a	16.43c	13.12c	7.08b	47.14a	78.14a	39.87a
AICN	28.17c	31.22c	20.21a	19.42a	16.87a	8.13a	43.13c	70.21c	33.24b
AIANS	27.14c	32.13c	19.38a	20.11a	17.61a	9.12a	42.76c	68.45c	34.13b
AIAND	30.17b	34.37b	19.21a	18.45b	15.31b	7.56b	45.63b	72.14b	36.81b

6.6　对玉米籽粒产量及其构成因素的影响

由表 6.3 可知，成熟期玉米的行数和行粒数均表现为：AICN 与 AIANS 处

理间无显著差异，但显著大于其他处理，其他处理间差异不显著（$P>0.05$）。玉米的千粒质量表现为：CICN 与 CIAN 处理间无显著差异，但显著小于其他处理（$P<0.05$），其他处理间差异不显著（$P>0.05$）。玉米的穗粒数和籽粒产量表现为：AICN 与 AIANS 处理最大，AIAND 处理次之，CICN 与 CIAN 处理最小（$P<0.05$）；AICN 与 ANANS 处理、CICN 与 CIAN 处理间差异不显著（$P>0.05$）。就具体籽粒产量而言，与 CICN 处理相比，CIAN、AICN、AIANS 和 AIAND 处理下的玉米籽粒产量分别提高 2.06%、13.67%、16.90% 和 9.10%。

表 6.3　　不同灌水施氮方式对玉米籽粒产量及其构成因素的影响

处理	行数	行粒数	穗粒数	千粒质量/g	籽粒产量/(kg/hm^2)
CICN	15.5b	19.4b	398.7c	290.1b	7231c
CIAN	16.1b	20.0b	402.4c	287.6b	7380c
AICN	18.7a	24.5a	430.1a	315.7a	8219a
AIANS	19.1a	25.1a	433.4a	313.4a	8453a
AIAND	17.4b	22.2b	415.7b	311.4a	7888b

6.7　讨论

LAI 的变化强度和幅度能够直接反映植株叶片的生长发育和衰老状况，叶绿素是光合作用中最重要和最有效的色素，两者与植株光合作用和叶片衰老进程紧密相关（李广浩 等，2017）。本书研究表明，与 CICN 处理相比，AIANS、AIAND 和 AICN 处理抽雄期后 21d、28d 和 35d 玉米穗位叶的 LAI 显著增加 7.7%～20.1%，叶绿素含量显著增加 8.1%～28.4%。原因可能在于交替隔沟灌溉可以促进根系生长（漆栋良 等，2015）、提高根系活力（汪耀富 等，2006），从而使植株叶片的光合作用增强和叶绿素含量增加，使叶面积增加（Lindquist et al.，2005）。而且，AIANS 与 AICN 处理较 AIAND 处理的 LAI 和叶绿素含量显著增加。这可能与 AIANS 和 AICN 处理能够使土壤氮素较长时间地均匀维持在根系周围（漆栋良 等，2017）有关，适宜的氮素供应利于延缓叶片衰老（徐祥玉 等，2010）。而 AIAND 处理下每次的灌水沟与施肥沟相反，使根系周围的水氮供应不协调，影响了氮素的吸收，对 LAI 和叶绿素含量造成不利影响。

SOD、POD 和 CAT 共同清除植物体内超氧自由基和 H_2O_2，对膜结构起保护作用，三者活性高低可反映植物体抗衰老能力的强弱（Chakrabarty et al.，2007）。MDA 是膜质过氧化作用的产物，其含量多少代表膜质过氧化的程度，也可间接反映植物组织抗氧化能力的强弱（原丽娜 等，2008）。研究发现，水分亏缺降低叶片 SOD、POD 和 CAT 保护酶活性，提高 MDA 含量，且随着亏缺程度加重，影响越显著（程铭慧，2019）。本书研究表明，无论采用何种施氮方式，AI 处理较 CI 处理显著提高玉米抽雄期、灌浆期和乳熟期穗位叶的 SOD、POD 和 CAT 活性（$P<0.05$），这与张文东等（2017）的研究结果一致。但也有研究表明，盆栽轻度水分胁迫下 AI 处理对玉米根系的 SOD 和 POD 活性无显著影响（原丽娜 等，2010），这可能与不同的试验和气候条件有关。本书研究发现，AI 处理降低玉米穗位叶的 MDA 含量，说明交替灌水利于减轻生物膜损伤程度。这与程铭慧（2019）的研究结果相矛盾。可能的原因是：本研究中 AI 与 CI 处理的灌水量相同，而程铭慧中 AI 处理的灌水量为 CI 的 70%。另外，程铭慧采用盆栽试验，相对狭小的生长空间可能降低了 AI 处理的促根效果（Ahmadi et al.，2008）。研究还发现，与 CICN 处理相比，CIAN 处理显著提高玉米穗位叶片的 SOD、POD 和 CAT 活性（$P<0.05$），同时降低 MDA 含量，尽管差异不显著。这与原丽娜等（2010）的研究结果相一致。然而，与 AICN 处理相比，AIANS 处理的保护酶活性与之相当，而 AIAND 处理显著降低保护酶活性。说明局部施氮对玉米叶片保护酶活性的影响与灌水方式密切相关。然而，其内在机理尚不明确，需要进一步研究。

脯氨酸是一种有助于作物抵御渗透胁迫的相容渗透剂，可溶性糖是植物生长发育和基因表达的重要调节因子，二者是作物渗透性溶质的重要组成成分（吴立峰 等，2017）。可溶性蛋白含量变化是反映叶片功能及衰老的重要指标之一（李广浩 等，2017）。研究表明，玉米植株受到逆境胁迫时，脯氨酸和可溶性糖含量会大量增加以适应所遭受的逆境环境（Chaves et al.，2004）。但脯氨酸的含量持续增长，而可溶性糖含量则先增加后降低（张淑勇 等，2011）。与前人的结果相一致，本研究表明，抽雄期和灌浆期，CI 处理下叶片脯氨酸和可溶性糖含量均显著大于 AI 处理的相应值（$P<0.05$）；而乳熟期可溶性糖含量在不同处理间差异不显著。说明同一灌水水平下，交替灌水提高玉米植株的抗旱能力。因为 AI 处理可以减少土壤水分的深层渗漏（康绍忠 等，1997），同时提高根系的导水率（Hu et al.，2011）。然而，AI 处理下可溶性蛋白含量较 CI 处理显著增强。这与汪耀富等（2006）的研究结果相一致。因为 AI 处理能够减少土壤水分下渗、改善土壤自然环境，从而提高作物抗旱能力（闫伟平 等，2012）。本研究还发现，AIANS 和 AICN 处理的可溶性糖和脯氨酸含量较 AIAND 处理减少（乳熟期可溶性糖除外），而可溶性蛋白含量增加。可能的原因是：水氮交替协同供应能够刺激玉米根系生长及吸收功能，从而增进根系的吸收能力，提高作物对逆境的适应能力（胡田田 等，2004）。但也有研究表明，高灌水量时 AIAND 处理下玉米叶片蛋白质含量较 CICN 处理减少（谭军利 等，2010）。说

明不同灌水施氮方式对作物叶片蛋白质含量的影响与灌水量紧密相关。因此，不同灌水水平下局部灌水施氮方式对玉米叶片蛋白质含量的影响还需要进一步实验研究。

本研究发现，与 CICN 处理相比，AICN 和 AIANS 处理下的玉米行粒数、穗粒数、千粒质量显著提高，使产量分别显著提高 13.7％和 16.9％（$P <$ 0.05）。说明交替灌水配合均匀施氮或交替施氮水氮协同供应有利于提高玉米籽粒产量。最新研究表明，玉米产量与叶片 MDA、脯氨酸和可溶糖含量显著负相关，但与 CAT 活性显著正相关（程铭慧，2019）。与此一致，AICN 和 AIANS 处理下玉米的抗氧化酶活性较高而 MDA、脯氨酸和可溶糖含量较低。说明适宜水氮供应方式耦合可以改善活性氧产生与清除之间的关系、降低膜质过氧化程度，进而增强作物的抗旱能力，提高产量。此外，AIANS 与 AICN 处理间的 LAI、叶绿素含量、抗氧化酶活性、MDA、可溶性蛋白、可溶性蛋白和脯氨酸含量、籽粒产量及构成差异不显著。这可能与二者之间的土壤水氮分布和根长密度相近（漆栋良 等，2015；漆栋良 等，2017）有关。大量研究证实，作物的根系生长状况对地上部分生长发育及经济产量起决定作用（Chu et al.，2014；Zhang et al.，2009）。

6.8　小结

（1）交替灌水均匀施氮和交替灌水交替施氮水氮协调供应可以显著增加玉米抽雄期及以后 35d 内的 LAI 和叶绿素含量，增幅分别是 8.8％～20.1％和 11.1％～28.4％，从而显著提高玉米穗位叶的光合能力。

（2）交替灌水均匀施氮和交替灌水交替施氮水氮协调供应能够提高抽雄期、灌浆期和乳熟期玉米叶片的 POD、SOD 和 CAT 活性及可溶性蛋白含量，降低抽雄期和灌浆期玉米叶片 MDA、可溶性糖和脯氨酸含量（$P <$ 0.05），从而改善活性氧产生与清除之间的关系和作物抗旱能力。

（3）交替灌水均匀施氮和交替灌水交替施氮水氮协调供应分别使玉米的产量显著增加 13.7％和 16.9％，主要原因是玉米行数、行粒数、穗粒数、千粒质量的显著提高（$P <$ 0.05）。

（4）与传统均匀灌水施氮相比，交替灌水均匀施氮和交替灌水交替施氮水氮协同供应有利于提高玉米叶片抗衰老能力，从而使玉米增产。

第7章

交替隔沟灌溉下灌水下限和施氮水平
对玉米生长及产量的影响

一般地，调亏灌溉由于产生水分亏缺而影响作物生长发育。如，干旱胁迫使得玉米的株高（Cakir，2004）、叶面积指数（Traore et al.，2000）、地上部分生长（Stone et al.，2001）、根系生长（Jama et al.，1993）、籽粒产量（Payero et al.，2006）和干物质产量（Traore et al.，2000）均降低。类似地，氮素亏缺时以上指标也降低（Pandey et al.，1984；Muchow，1988；Cox et al.，1993）。更重要的是，玉米对供氮水平的响应受到供水量的显著影响。在水分供应充足的条件下，氮素成为决定玉米产量的关键因素（Eck，1984）。极度亏水条件下，不同供氮水平对产量没有影响（Bennett et al.，1989）。对每一个灌水水平，都有一个相对适宜的供氮水平（Gheysari et al.，2009）。因而，关于不同水、氮供应水平对作物生长耦合效应的研究已引起国内外学者广泛关注。

APRI 的节水效应已得到大量验证，但也有研究表明 APRI 较传统调亏灌溉并没有节水优势（Kirda et al.，2005）。这可能与灌溉水平、氮素供应水平、气候因素等有密切关系。通过 Meta 分析，Sadras（2009）发现 APRI 提高 WUE 源于灌水量较传统沟灌低。他还指出 APRI 下灌水量和灌水时间缺乏合理的控制（Sadras，2009）。关于 APRI 下不同灌水下限（Kang et al.，1998；梁继华等，2006）或不同施氮水平（黄春燕 等，2004）对作物生长的影响有一定报道，而关于灌水和施氮二因素对作物生长和水氮利用的影响方面，Li et al.（2007）曾在盆栽条件下进行过研究。但在大田条件下，APRI 下不同灌水下限和施氮水平对作物生长的耦合效应尚不明确。为此，本章重点研究 APRI 下不同灌水下限和施氮水平对玉米生长及籽粒产量形成的影响。

7.1 各处理的灌水次数及总灌水量

监测时期内，当灌水下限相同时，不同施氮水平下灌水次数及总灌水量没有差异。对 W1 处理，分别在播后 33d、76d、97d 和 108d 灌水，生育期内灌水 4 次；对 W2 处理，分别在播后 15d、47d、64d、80d、96d、110d 和 130d 灌水，生育期内灌水 7 次；对 W3 处理，分别在播后 12d、26d、36d、46d、60d、73d、81d、93d、100d、112d 和 128d 灌水，生育期内灌水 11 次。W1、W2 和 W3 处理的灌溉定额分别为 197mm、264mm 和 308mm。

7.2 对玉米地上部分生长状况的影响

灌水下限和施氮水平对作物生长速率（CGR）、株高、茎粗和叶面积指数（LAI）的影响达到显著水平，而二者的交互作用只对 CGR 和 LAI 有显著影响（表 7.1）。

由表 7.1 可知，任一施氮水平下，W1 处理 CGR、株高和 LAI 较其他灌水处理显著减小。茎粗在 100kg N/hm^2 施氮水平（N1 处理）下不受灌水下限影响，在 200kg N/hm^2（N2 处理）和 300kg N/hm^2（N3 处理）施氮水平下表现出与 CGR 相似的规律。在任一灌水下限下，N1 处理的 CGR、茎粗和 LAI 较其他施氮处理显著减小。在 W1 处理下，株高与 CGR 表现出相似的规律，而在其他灌水处理下不受供氮水平的影响。CGR、株高、茎粗和 LAI 在 W3N3 和 W3N2 处理下最大，而在 W1N1 处理下最小。综合各供氮水平，从 W1 处理到 W2 处理，各生长指标的平均值增加 19.4%；综合各灌水下限，从 N1 到 N2 处理，各生长指标的平均值增加 8.7%。然而，从 W2 处理到 W3 处理其相应值增加 3.1%，从 N2 处理到 N3 处理其相应值增加 2.8%。说明与 W1 处理相比，W2 处理明显改善了玉米地上部分生长情况，施氮水平 200kg N/hm^2 较 100kg N/hm^2 也明显改善了玉米地上部分的生长，但进一步增加水氮供应对增加作物生长指标意义不大。

表 7.1   不同灌水下限和施氮水平对 CGR、株高、茎粗和 LAI 的影响

处　　理		CGR /[g/(m^2·d)]	株高 /cm	茎粗 /mm	LAI
供氮量/(kg N/hm^2)	灌水量/mm				
N1（100）	W1（197）	21.2d	150.2c	22.7c	2.3d
	W2（264）	28.0b	162.0a	23.5c	2.8c
	W3（308）	28.3b	165.4a	23.8c	2.9c
N2（200）	W1（197）	23.8c	157.5b	24.2ab	2.6c
	W2（264）	29.6a	167.7a	25.7a	3.1b
	W3（308）	30.1a	172.8a	26.0a	3.6a

续表

处 理		CGR /[g/(m²·d)]	株高 /cm	茎粗 /mm	LAI
供氮量/(kg N/hm²)	灌水量/mm				
N3 (300)	W1 (197)	24.8c	158.8b	24.4ab	2.8c
	W2 (264)	29.4a	169.4a	26.1a	3.1b
	W3 (308)	31.3a	175.3a	26.3a	3.7a
显著性检验（P 值）					
灌水下限		<0.0001	0.0215	0.0358	<0.0001
施氮量		0.0006	0.0347	0.0414	<0.0001
灌水下限×施氮量		0.0321	0.1212	0.3325	0.0021

注　同列数字后不同字母表示差异性达 0.05 显著水平；下同。

7.3　对玉米产量形成的影响

灌水下限和施氮水平及二者的交互作用对穗数、穗粒数和千粒质量的影响达显著水平。穗粒数和穗数在 W3N3 处理下最大，千粒质量在 W2N3 处理下最大，而上述指标在 W1N1 处理下最小（表 7.2）。

任一施氮水平下，W1 处理下穗数和穗粒数较其他灌水处理显著减少；而千粒质量表现为从 W1 到 W2 处理增加，从 W2 到 W3 处理有所减少，但差异不显著。任一灌水下限下，N1 处理下穗粒数较其他施氮处理显著减少，穗数和千粒质量随施氮量的增加持续增加（表 7.2）。说明增加施氮对提高穗数和穗粒数有利，与其他灌水下限相比，W2 处理对提高千粒质量有利。

表 7.2　不同灌水下限和施氮水平对生物量、穗数、穗粒数、籽粒产量和
收获指数的影响

处 理		生物量 /(g/m²)	穗数 /(个/m²)	穗粒数	千粒质量/g	籽粒产量 /(g/m²)	收获指数 HI/%
供氮量 /(kg N/hm²)	灌水量 /mm						
N1 (100)	W1 (197)	1079.5f	4.2d	257.4d	213.4f	415.6e	38.5c
	W2 (264)	1373.4d	4.4c	289.5c	311.2abc	615.7c	43.2a
	W3 (308)	1466.0c	4.5c	285.6c	294.3bc	589.1c	40.2b
N2 (200)	W1 (197)	1199.0e	4.5c	274.4c	245.4e	477.2d	39.8b
	W2 (264)	1482.4ab	5.0b	308.4a	342.4ab	638.6ab	43.1a
	W3 (308)	1503.3ab	5.1b	312.2a	317.0abc	643.6ab	42.8a

处 理		生物量 /(g/m²)	穗数 /(个/m²)	穗粒数	千粒质量/g	籽粒产量 /(g/m²)	收获指数 HI/%
供氮量 /(kg N/hm²)	灌水量 /mm						
N3（300）	W1（197）	1207.9e	4.8b	290.0c	271.3d	491.6d	40.7b
	W2（264）	1535.8ab	5.3a	316.1a	364.8a	650.8ab	42.4a
	W3（308）	1623.1a	5.5a	318.7a	342.1ab	685.4a	42.2a
显著性检验（P 值）							
灌水下限		<0.0001	0.0314	<0.0001	0.0219	<0.0001	0.0007
施氮量		<0.0001	0.0211	0.0417	<0.0001	0.0355	0.0279
灌水下限×施氮量		0.0215	0.0446	0.0235	0.0178	0.0410	0.0417

7.4 对玉米干物质积累和收获指数的影响

灌水下限和施氮水平及二者的交互作用对生物量、籽粒产量和收获指数（HI）的影响达显著水平。生物量、籽粒产量和 HI 在 W3N3 处理下最大，在 W1N1 处理下最小（表 7.2）。

7.4.1 生物量和籽粒产量的变化

1. 生物量

在任一灌水下限下，与 N1 处理相比，N2 和 N3 处理的生物量显著增大，其中 W3 处理下生物量还表现为：N3 处理＞N2 处理＞N1 处理，差异达显著水平。在任一施氮水平下，与 W1 处理相比，W2 和 W3 处理的生物量显著增大，其中在 N1 和 N3 处理下还表现为 W3＞W2＞W1。整体来看，随着水氮投入的增加，生物量均呈增加趋势：与 W1N1 处理相比，其他处理的生物量增加 11.07%～50.36%（表 7.2），说明生物量随水氮投入水平的增加而增大。但是也有差异：生物量从低水、低氮到中水、中氮时增量明显，进一步地增加水、氮供应时生物量的增量有限。

2. 籽粒产量

在 N1 和 N2 处理下，与 W1 处理相比，籽粒产量在 W2 和 W3 处理下显著增加。在 W1 和 W2 处理下，与 N1 处理相比，籽粒产量在 N2 和 N3 处理下显著增加。而在 N3 处理下，籽粒产量随灌水下限的增加而明显增大；在 W3 处理下，籽粒产量随施氮水平的增加而明显增加（表 7.2）。说明水或氮单一因素的供应水平较高时，籽粒产量是否进一步增加取决于另一因素。

7.4.2 对玉米生物量和籽粒产量的耦合效应

以灌水量和施氮量为自变量，生物量和籽粒产量为因变量绘制等高线图，表示不同水、氮供应水平对生物量和籽粒产量的耦合效应（图 7.1 和图 7.2）。等高线的斜率代表生物量和籽粒产量对水、氮供应水平的响应程度：当灌水量一定时，斜率越大表示生物量和籽粒产量随施氮量增加而增加的幅度越大；当施氮量一定时，斜率越大表示生物量和籽粒产量随灌水量增加而增加的幅度越大。

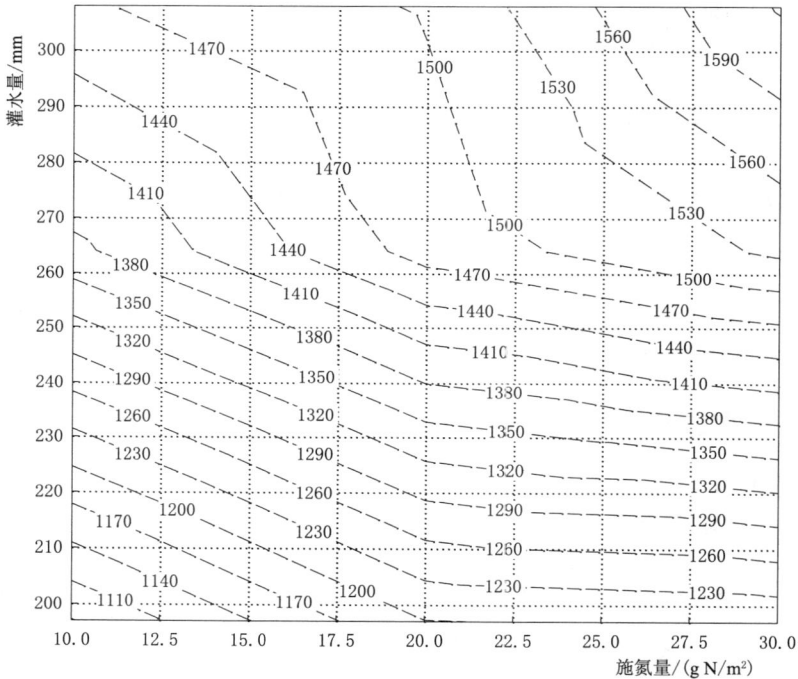

图 7.1　不同灌水下限和施氮水平对干物质积累量的耦合效应（单位：g/m²）

图 7.1 和图 7.2 最简单的应用就是估算每一灌水量与施氮水平组合下的生物量和籽粒产量。如接近 W2 处理条件，假定灌水量是 260mm，当施氮量为 15g N/m²（1g N/m²＝10kg N/hm²）、20g N/m² 和 25g N/m² 时，对应的生物量分别是 1410g/m²、1465g/m² 和 1490g/m²（图 7.1）。表明在 15g N/m² 施氮水平的基础上，施氮量增加 33.3%（5g N/m²）和 66.6%（10g N/m²），生物量分别增加 3.9%（55g/m²）和 6.6%（80g/m²）。相应地，同一灌水量下籽粒产量增加 1%（施氮量从 15g N/m² 到 20g N/m²）和 2.9%（施氮量从 15g N/m² 到 25g N/m²）（图 7.2）。说明可以根据可利用水量、氮肥价格和最终的产量确定

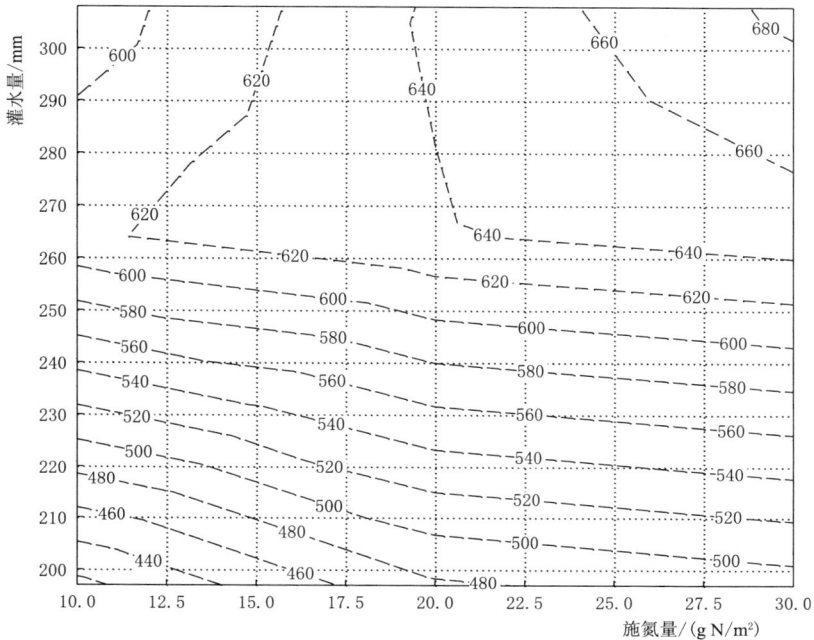

图 7.2　不同灌水下限和施氮水平对籽粒产量的耦合效应（单位：g/m²）

一个合理的施氮量。

　　存在不同的灌水量和施氮水平组合，可以获得相同的生物量或籽粒产量（图 7.1 和图 7.2）。例如：300mm 和 20g N/m²、270mm 和 21.9g N/m² 都可以获得 1500g/m² 的生物量（图 7.1）。300mm 接近 W3 处理的灌水量（308mm），表明 W3 处理下 30mm 的亏水量对生物量的影响可以通过增加 1.9g N/m² 施氮量来补偿。类似地，W3 处理下 30mm 的亏水量对籽粒产量（640g/m²）的影响可以通过增加 1.6g N/m² 施氮量来补偿（图 7.2）。同样地，一定条件下，氮素亏缺对生物量和籽粒产量的影响也可以通过增加灌水量来实现。说明水分亏缺对生物量和籽粒产量的不良效应可以通过增加施氮量进行部分补偿；反过来，氮素亏缺对生物量或籽粒产量的不良效应也可以通过增加灌水量进行部分补偿。

　　尽管如此，特定的灌水量下，存在有一个最高施氮水平（推荐施氮量），即进一步地增加施氮量不能使生物量和籽粒产量明显增加（图 7.1 和图 7.2）。例如，当灌水量为 200mm（W1 处理）时，任何大于 19.4g N/m² 的施氮量对籽粒产量没有影响。同样地，当灌水量为 240mm（W1～W2）时，推荐施氮量为 20g N/m²（图 7.2）。用同样的方法，对生物量，灌水量为 200mm 和 240mm 的推荐施氮量分别为 19g N/m² 和 27.5g N/m²（图 7.1）。

7.4.3　收获指数

任一施氮水平下，与 W1 处理相比，W2 与 W3 处理下 HI 显著增加。然而，在 N1 处理下，W3 处理较 W2 处理的 HI 显著降低。在 W1 和 W3 处理下，与 N1 处理相比，N2 和 N3 处理的 HI 显著增加；在 W2 处理下，不同施氮水平间 HI 的差异不显著（表 7.2）。说明 W2 处理结合 200kg N/hm² 或 300kg N/hm² 施氮量可以获得较高的收获指数。

7.5　生物量、籽粒产量与地上部分生长指标的相关关系

由表 7.3 可知，生物量、籽粒产量、CGR、株高、茎粗和 LAI 彼此之间呈正相关，且达显著水平（除茎粗与生物量、CGR 和籽粒产量外）。生物量与 CGR、株高、茎粗和 LAI 之间的相关系数较籽粒产量与它们的相关系数大。说明地上部分生长速率、叶面积指数、株高之间密切相关，干物质累积量、籽粒产量与地上部分生长速率、叶面积指数及株高均有密切关系；而且与籽粒产量相比，地上部分生物量与作物生长指标的关系更密切。

表 7.3　地上部分生物量、籽粒产量和地上部分生长指标的相关系数

项目	生物量	籽粒产量	CGR	株高	茎粗	LAI
生物量	1.000	0.954**	0.996**	0.941**	0.641[NS]	0.779*
籽粒产量		1.000	0.981**	0.898**	0.604[NS]	0.746*
CGR			1.000	0.943**	0.637[NS]	0.808*
株高				1.000	0.779*	0.930**
茎粗					1.000	0.771*
叶面积指数						1.000

注　*，** 分别表示在 0.05 和 0.01 水平下差异显著；NS 表示差异不显著；CGR 为作物生长速率。

7.6　讨论

本研究中，与 100kg N/hm² 施氮量相比，地上部分生长对水分亏缺（W1 处理）更加敏感（表 7.1）。可能的原因是：一方面，水分状况决定氮素的可利用性，氮素的吸收部分取决于水分的供应情况（Hu et al.，2009）；另一方面，上茬作物为蚕豆，可能使有机氮残留量较高。尽管如此，有机氮只有被矿化分解后才可以被作物吸收利用。但大量研究表明，APRI 下干湿交替的水分供应可以产生 "Birth" 效应（Birth，1958），促使部分有机氮转化为矿物质氮（Xiang et al.，2008)，供作物吸收。

研究发现，在特定的灌水量下，存在一个推荐施氮量（最高施氮水平），即进一步增加施氮量不能使生物量和籽粒产量明显增加（图 7.1 和图 7.2）。反过来，在特定的施氮量下，也存在一个推荐灌水量（最高灌水量），即进一步增加灌水量不能使生物量和籽粒产量明显增加（图 7.1 和图 7.2）。这与 Gheysari et al.(2009) 关于青贮玉米的研究结果相一致。具体地，W1 处理下，施氮量为 200kg N/hm² 与 300kg N/hm² 间的生物量和籽粒产量无显著差异；而 W3 处理下，生物量和籽粒产量随施氮水平的增加而显著增加（表 7.2）。说明灌水下限和施氮水平应该相互协调才能提高玉米的生物量和籽粒产量。

研究还发现，不同灌水下限下籽粒产量随氮素供应量增加的幅度有所不同：W1 处理下，籽粒产量从施氮量 100kg N/hm² 到 200kg N/hm² 水平增加 14.9%，而 W3 处理下，籽粒产量增加的相应值为 9.2%。这与 Paolo et al.（2008）的发现［在均匀供水条件下，不同施氮水平下的籽粒产量在亏水（50%ET）条件下的差异较小而在充分供水（100%ET）条件下的差异较大］相矛盾。可能的原因是：低水条件下增加氮素供应可以改善根系生长，进而提高抗旱能力获得较高产量（Tesha et al.，1983）。进一步地，这可能与 APRI 下水分干/湿交替供应可以促进根系生长（第 4 章）有关。

LAI 在截留光辐射并形成干物质产量方面起着关键作用。本书试验中，LAI 与生物量和籽粒产量之间的相关系数较大，且达极显著水平（表 7.3）。这可能是因为更多的叶片扩展意味着作物可以更多地吸收光辐射和增加其生物量的合成，最终提高籽粒产量（Lindquist et al.，2005）。进一步地，Muchow（1988）研究了不同施氮水平下玉米的叶面积的发育情况，发现抽丝期的 LAI 随施氮量的增加而增加。而本书的试验条件下，任一灌水下限下从施氮量 200kg N/hm² 到 300kg N/hm² 水平的 LAI 不再明显增加；但是任一施氮水平下，LAI 随灌水下限的增加而增加（表 7.1）。可能是因为氮素供应充分时增加氮素供应对作物生长意义不大（Schepers et al.，1992）；而相对充裕的水分供应可使细胞保持张力，促进叶片发育（Earl et al.，2003）。更值得一提的是，W3 处理下，施氮量 200kg N/hm² 的 LAI 占 300kg N/hm² 的 97.3%，对作物生长速率、株高和茎粗，其相应比值是 96.4%、98.5% 和 99.2%（表 7.1）。表明本试验条件下 200kg N/hm² 的氮素供应已经可以保证玉米的生长发育了。可见，W3 处理配合施氮量 200kg N/hm² 可以维持玉米在试验地区的旺盛生长。

本研究中，在相同水、氮供应水平条件下，生物量和籽粒产量在不同处理间的差异不同，其直接结果是 HI 的差异：如施氮量 100kg N/hm² 时，与 W2 处理相比，W3 处理的 HI 减小（表 7.2）。这与 Moser et al.（2006）的研究结果（充分供水低氮使 HI 降低）相一致。本书中不同灌水下限之间的 HI 表现为：W2 处理最大，W3 处理居中，W1 处理最小（表 7.2）。这与 Yang et al.（2010）的研究结果相一致，他们认为 APRI 下中度水分亏缺可以减少冗余生长，增加 HI。此外，综合灌水下限，HI 还表现为施氮量 200kg N/hm² 与 300kg N/hm² 大于 100kg N/hm²（表 7.2）。因为相对充足的氮素供应可以增加 HI（Fageria et al.，2005）。说明本试验条件下 W2 处理配合施氮量 200kg N/hm² 或 300kg N/hm² 的氮素供应可以减少冗余生长，提高玉米的收获指数。

APRI 在本试验条件下是否可行呢？第一，盆栽条件下，Kang et al.（1998）发现灌水下限从 W2 降到 W1 时，耗水量减少 20.4％，生物量仅降低 2.1％；但是，当灌水下限从 W2 降到 45％FC，耗水量下降 48.4％，生物量降低 67.8％。在本书研究中，综合不同施氮水平，与 W3 处理相比，W2 处理的耗水量减少 14.1％，W3 处理的耗水量减少 35.7％，相应生物量分别减少 3.1％和 25.0％（表 7.2）。所以，APRI 可以大量减少灌水量但维持生物量不剧烈下降的前提是要有合适的灌水下限。说明 65％FC 是试验地条件下玉米实行 APRI 所必需的灌水下限值。第二，在施氮水平方面，Li et al.（2007）发现与均匀灌水相比，APRI 下氮素供应充足并配合（70％～80％）FC 时可节水 38.4％，生物量仅下降 6.7％；而在氮素亏缺条件下，与均匀灌水相比，APRI 没有维持作物正常生长的优越性，不能产生节水效应。本试验条件下，与施氮量 200kg N/hm² 相比，生物量和籽粒产量在施氮量 100kg N/hm² 下显著降低（表 7.2）。说明适宜的供氮水平也是维持 APRI 节水效应的必要条件。第三，汪顺生等（2015）发现均匀隔沟灌溉条件下，80％FC 使籽粒产量最大，但是 70％FC 使籽粒产量明显减少。本书中，与 W3 处理相比，W2 处理的籽粒产量没有明显降低（表 7.4）。这可能与试验地区土质有关，轻壤土有利于 APRI 节水效应的发挥。综上，当 65％FC 配以 200kg N/hm² 的施氮量，APRI 在干旱区玉米生产中是可行的。

7.7 小结

本章分析了 APRI 条件下不同灌水下限和施氮水平对玉米生长和产量形成的影响，结论如下：

（1）与氮素亏缺（施氮量 100kg N/hm²）相比，玉米生长速率、株高、茎粗和叶面积受水分亏缺（55％FC）的影响更大。多数情况下，当施氮水平相同时，65％FC 与 75％FC 之间的生长指标无显著差异；当灌水下限相同时，施氮量 200kg N/hm² 与 300kg N/hm² 之间的生长指标无显著差异。玉米生长指标在 75％FC 配合施氮量 200kg N/hm² 或 300kg N/hm² 时最大，而在 55％FC 配合施氮量 100kg N/hm² 时最小。玉米的生物量、籽粒产量、收获指数、穗数和穗粒数与其生长速率表现出类似的规律。说明 75％FC 配合施氮量 200kg N/hm^2 或 300kg N/hm^2 可以维持 APRI 下玉米地上部分的旺盛生长，获得最高的籽粒产量。

（2）水或氮的亏缺对生物量和籽粒产量的不良效应可以通过增加氮或水的供应进行补偿。但是，当灌水下限一定时，一味增加施氮量并不能使生物量和籽粒产量增加；同样，当施氮量一定时，一味增加灌水下限也不能使生物量和籽粒产量增加。这说明在一定范围内，灌水下限和施氮水平间存在补偿效应，协调灌水下限和施氮水平才能提高 APRI 下玉米籽粒产量和生物量。

第 8 章

交替隔沟灌溉下灌水下限和施氮水平对玉米水氮吸收和利用的影响

施用氮肥可以影响作物水分吸收和 *WUE*。施农家肥和氮肥使玉米的水分利用分别增加 3.0～3.3cm 和 6.2～7.1cm（Benbi，1989）。最优的施氮量可以使作物根系深扎，更多地从深层土壤中吸收水分以提高抗旱能力（Linscott et al.，1962）。此外，收获时土壤水分含量也受施氮量影响（Benbi，1989；Hati et al.，2001）。反过来，作物对氮素的吸收和氮素利用效率（*NUE*）也受水分供应水平的影响。作物吸氮量在亏水条件下降低（Pandey et al.，2000）。与灌水处理相比，*NUE* 在雨养条件下明显降低（Paolo et al.，2008）。作物对氮素的吸收和对水分的利用受灌水和施氮水平的双重影响（Li et al.，2007；Hussaini et al.，2002）。

康绍忠等（2000a）研究了不同灌水方式和灌水水平条件下 *WUE* 差异，发现 APRI 在维持玉米籽粒产量的同时节水达 50%。黄春燕等（2004）研究了不同灌水方式和供氮水平对玉米利用水分的影响，发现与低氮处理相比，高氮时 APRI 节水更多并提高 *WUE*。Li et al.（2007）研究了不同灌水方式和水氮供应水平下 *WUE* 和玉米吸氮量，发现与均匀灌水相比，APRI 在充分供应水氮条件下可显著提高 *WUE* 和作物吸氮量；而在亏水和缺氮时 APRI 下的 *WUE* 和作物吸氮量没有明显差异。然而，APRI 下不同水氮供应水平时作物对水分和氮素吸收利用的耦合效应尚未见报道。因此，本章重点研究 APRI 下不同灌水下限和施氮水平对玉米水分和氮素利用及土壤 $NO_3^- - N$ 的残留的影响。

8.1 对玉米利用水分的影响

8.1.1 玉米生育期内 0～100cm 土层的水量平衡估算

由表 8.1 可知，各处理 0～100cm 土层的初始储水量相近，而收获时储水量不同：任一施氮水平下，储水量表现为 W3 和 W2＞W1；任一灌水下限下，储水量表现为 300kg N/hm² （N3 处理）与 200kg N/hm² （N2 处理）＜100kg N/hm² （N1 处理）。说明 65%FC 和 75%FC 较 55%FC 明显提高了收获时的储水量，而 200kg N/hm² 和 300kg N/hm² 较 100kg N/hm² 降低了收获时的储水量。

在任一施氮水平下，与其他灌水处理相比，W1 处理下 0～100cm 土层土壤水分消耗量增加；在任一灌水下限下，0～100cm 土层土壤水分消耗量随施氮量的增加而增加，不同施氮处理间差异在 W3 处理下具有统计学意义，N1 与 N2 处理和 N3 处理在 W2 处理下的差异也达显著水平（表 8.1）。说明 W1 处理和增施氮肥使生育期内 0～100cm 土层土壤水分消耗量增加。

在任一施氮水平下，ET 表现为 W3＞W2＞W1；在任一灌水下限下，ET 随施氮量的增加而增加，不同施氮处理间差异在 W3 处理下具有统计学意义。W3N3 处理下 ET 最大，W1N1 处理下 ET 最小（表 8.1）。说明蒸发蒸腾量（ET）随灌水量和施氮量的增加而增加。

表 8.1　　　　不同灌水下限和施氮水平下玉米生育期内 0～100cm 土层
水量平衡估算量和水分利用效率

处理	初始储水量/mm	收获时储水量/mm	土壤耗水量/mm	ET/mm	WUE/(kg/m³)
W1N1	246.1	190.7c	55.4a	412.8e	1.01e
W1N2	247.8	180.4d	67.4a	424.8d	1.12d
W1N3	251.2	177.7d	73.5a	430.9d	1.14d
W2N1	244.8	231.7a	13.1c	447.5c	1.33b
W2N2	247.4	217.5b	29.9b	454.3c	1.40a
W2N3	243.1	205.9b	37.2b	461.6b	1.41a
W3N1	245.3	232.5a	12.8c	455.6c	1.23c
W3N2	245.7	204.9b	40.8b	489.2b	1.31b
W3N3	249.5	188.8c	60.7a	519.1a	1.32b

注　生育期内有效降雨量为 160.4mm；同列数字后不同字母表示差异性达 0.05 显著水平；下同。

8.1.2　收获时 0～100cm 土层的土壤储水量和玉米生长期土壤水分消耗量

1. 不同灌水下限对土壤储水量和土壤水分消耗量的影响

综合不同施氮水平，与其他灌水处理相比，W1 处理下收获时各土层的土壤储水量显著减少。与 60～100cm 土层相比，0～60cm 土层中 W1 处理与其他灌水处理之间土壤储水量差异更大。W2 与 W3 处理间在 0～100cm 土层中的土壤储水量无显著差异（图 8.1）。

综合不同施氮水平，与其他灌水处理相比，各土层 W1 处理下全生育期土壤水分消耗量明显增加，但是差异在 0～60cm 土层中更大。除 40～60cm 土层外，W2 与 W3 处理之间各土层的土壤水分消耗量无显著差异（图 8.2）。

以上说明不同灌水下限之间收获时土壤储水量和全生育期土壤水分消耗量的差异主要体现在 0～60cm 土层。

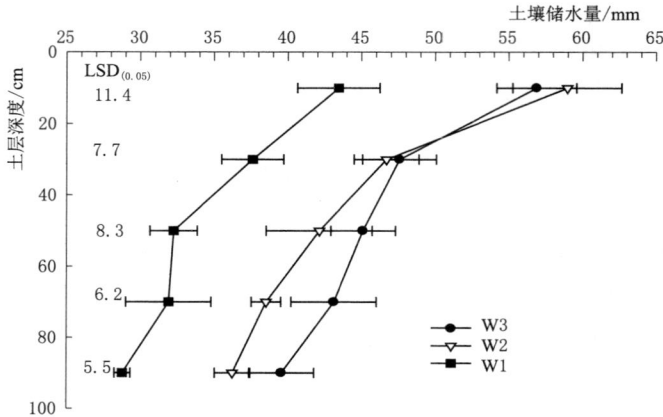

图 8.1 不同灌水下限下收获时 0～100cm 土层的土壤储水量

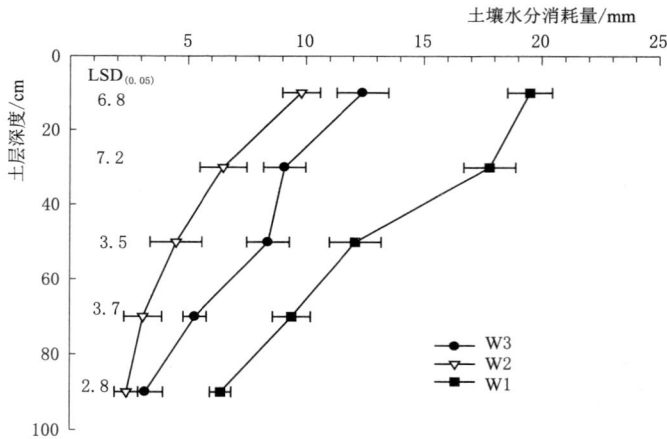

图 8.2 不同灌水下限下玉米生育期 0～100cm 土层的土壤水分消耗量

2. 不同施氮水平对土壤储水量和土壤水分消耗量的影响

综合不同灌水下限，各土层收获时土壤储水量随着施氮水平的提高而减小，但是 N2 与 N3 处理间没有表现出明显差异。0～60cm 土层中，收获时土壤储水量在不同施氮水平之间差异不具有统计学意义。60～100cm 土层，N1 处理的收获时土壤储水量显著大于 N2 与 N3 处理（图 8.3）。

　　综合不同灌水下限，0～40cm 土层，全生育期土壤水分消耗量在 N2 与 N3 处理间无显著差异，但显著大于 N1 处理；40～60cm 土层，全生育期土壤水分消耗量在不同施氮水平下差异不显著；60～100cm 土层，全生育期土壤水分消耗量表现为：N1 处理＜N2 处理＜N3 处理，差异达显著水平（图 8.4）。

　　以上说明在不同施氮水平间收获时土壤储水量的差异主要体现在 60～100cm 土层，而全生育期土壤水分消耗量的差异贯穿于 0～100cm 土层。

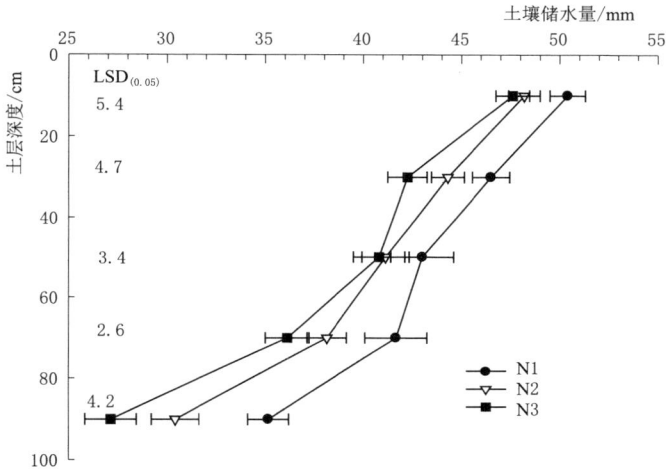

图 8.3　不同施氮水平下收获时 0～100cm 土层的土壤储水量

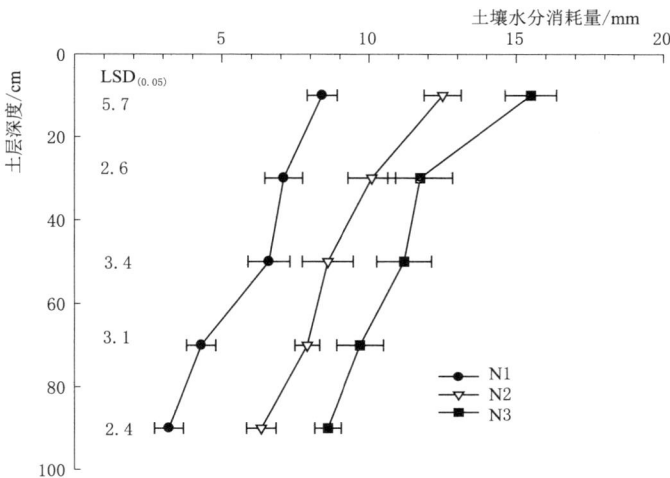

图 8.4　不同施氮水平下生育期内 0～100cm 土层的土壤水分消耗量

在任一施氮水平下，水分利用效率（WUE）表现为 W2 处理＞W3 处理＞W1 处理；在任一灌水下限下，与 N1 处理相比，N2 和 N3 处理下的 WUE 增大。WUE 在 W2N2 与 W2N3 处理下最大，在 W1N1 处理下最小（表 8.1）。水、氮供应水平对 WUE 的耦合效应如图 8.5 所示。在 3 种灌水下限下，从 N1 处理到 N2 处理，WUE 增加 5.26%～10.89%，从 N2 到 N3 处理 WUE 增加 0.71%～1.79%；在 3 种施氮水平下，从 W1 到 W2，WUE 增加 23.68%～31.68%，而从 W2 到 W3，WUE 降低 6.38%～7.52%。图 8.5 表明，与其他灌水处理相比，W1 处理下 N1 处理使 WUE 的降幅更大。说明 W2 处理配合施氮水平为 200kg N/hm² 或 300kg N/hm² 能提高玉米的水分利用效率。

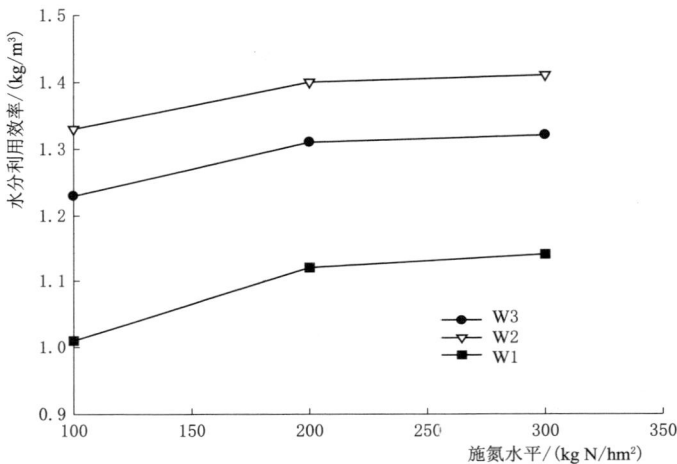

图 8.5 不同灌水下限和施氮水平对玉米水分利用效率（WUE）的耦合效应

8.2 对玉米吸收利用氮素的影响

8.2.1 玉米吸氮量

由表 8.2 可知，在任一施氮水平下，与 W1 处理相比，抽丝期叶绿素含量（SPAD 值）、成熟期籽粒吸氮量、秸秆吸氮量和总吸氮量在其他灌水处理下增加；在任一灌水下限下，与 N1 处理相比，N2 与 N3 处理下叶绿素含量、籽粒吸氮量、秸秆吸氮量和总吸氮量增加，尽管 W3 处理下秸秆的吸氮量在不同施氮处理间差异不显著。在多数情况下，N2 与 N3 处理或 W2 与 W3 处理间叶绿素含量、籽粒吸氮量、秸秆吸氮量和总吸氮量无明显差异。说明 W1 处理配合施氮量 100kg N/hm² 可以降低抽丝期叶绿素含量和最终吸氮量。

8.2.2 氮收获指数

在任一施氮水平下，氮收获指数 NHI［籽粒吸氮量/（籽粒吸氮量＋秸秆吸氮量）］表现为 W2 处理＞W1 处理与 W3；在任一灌水下限下，NHI 随着施氮量的增加而增加，尽管 W3 处理下 N2 与 N3 处理间 NHI 差异不显著。W2N3 处理下 NHI 最大，而 W3N1 和 W1N1 处理下 NHI 最小（表 8.2）。说明 W2 处理配合施氮量 300kg N/hm² 可以增加氮收获指数。

表 8.2   不同灌水下限和施氮水平下抽丝期叶绿素含量、吸氮量、
NHI 和 NUE

处理	叶绿素含量 /(μmol/m²)	籽粒吸氮量 /(g/m²)	秸秆吸氮量 /(g/m²)	总吸氮量 /(g/m²)	NHI /%	NUE /(g/g)
W1N1	455.1c	6.2d	3.8c	10.0d	62.0c	19.0b
W1N2	528.7b	9.0c	5.0b	15.0c	64.3b	14.7c
W1N3	534.3b	9.4c	4.9b	14.3c	65.7ab	11.5d
W2N1	514.3b	9.3c	5.2b	14.5c	64.1b	28.6a
W2N2	575.1a	10.4b	5.5a	15.9b	65.4ab	19.2b
W2N3	601.8a	11.3a	5.7a	17.0a	66.5a	15.6c
W3N1	529.2b	9.7c	5.8a	15.7b	62.6c	27.5a
W3N2	584.6a	11.4a	6.2a	17.6a	64.8ab	19.8b
W3N3	619.2a	12.0a	6.4a	18.4a	65.2ab	16.3c

8.2.3 氮素利用效率

表 8.2 表明，在任一施氮水平下，与 W1 处理相比，W2 与 W3 处理的氮素利用效率（NUE）显著增大，后二者无显著差异；N2 和 N3 处理下，NUE 随灌水下限的增大有增大趋势，而 N1 处理下，NUE 在 W2 处理时达到最大值。在任一灌水下限下，NUE 随着施氮量的增加而显著减小。W2N1 与 W3N1 处理下的 NUE 最大，而 W1N3 处理下的 NUE 最小。说明提高灌水下限使作物的氮素利用效率增大，而增加施氮量会导致作物氮素利用效率下降。

8.3　对收获后土壤残留 NO_3^- - N 的影响

由图 8.6 可知，收获后 0～100 土层土壤 NO_3^- - N 残留量不同：任一施氮水平下，土壤 NO_3^- - N 的残留量表现为 W1 处理＞W2 处理＞W3 处理；任一灌水下限下，土壤 NO_3^- - N 的残留量表现为 N3 处理＞N2 处理＞N1 处理。综合考

虑施氮水平，土壤 $NO_3^- - N$ 的残留量表现为 W1 处理＞W2 处理＞W3 处理。土壤 $NO_3^- - N$ 残留量在 W1N3 处理下最大，在 W3N1 处理下最小。说明增加施氮量会使 0～100cm 土层土壤 $NO_3^- - N$ 残留量增加，而提高灌水下限则会使土壤 $NO_3^- - N$ 残留量减少。

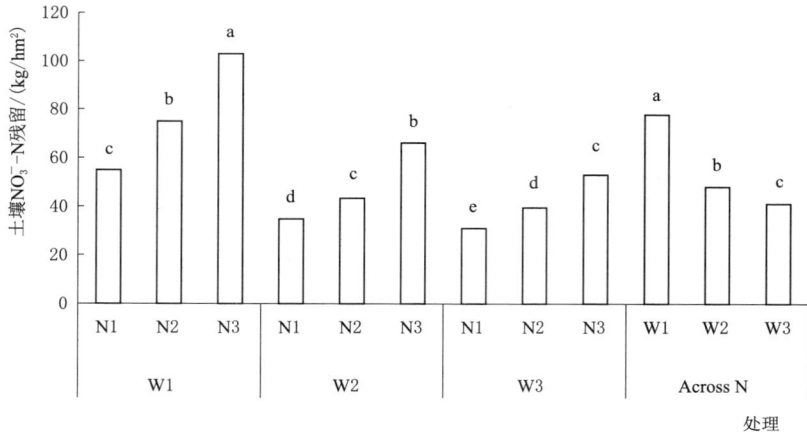

图 8.6　不同处理对收获后 0～100cm 土层土壤 $NO_3^- - N$ 残留量

（Across N 指三种施氮水平下土壤 $NO_3^- - N$ 累积量的均值，同一灌水下限或综合施氮水平后不同字母表示差异性达 0.05 显著水平。）

8.4　讨论

研究表明，生育期内 0～100cm 土层土壤水分消耗量随施氮量的增加而增加（表 8.1）。这与 Beni（1989）、Hati et al.（2001）和 Lenka et al.（2009）的研究结果相一致。因为施氮可促进根系深扎，提高其从深层土壤中吸收水分的能力（Benbi，1989）。本研究中表现为 60～100cm 土层土壤不同施氮水平之间生育期内土壤水分消耗量差异达显著水平（图 8.4）。研究还发现，与其他灌水处理相比，W1 处理生育期内 0～100cm 土层土壤水分消耗量较大（表 8.1）。这与 Farre et al.（2006）、Paolo et al.（2008）、Lenka et al.（2008）和 Panda et al.（2004）在均匀灌水条件下所得结论相一致。但是，与均匀灌水时 Bandyopadhyay et al.（2003）的研究结果相反，他们认为高水处理下表层根系较发达，促进了其对生育期内土壤水分的吸收。这一差异可能与灌水方式有关，灌水量相同时，与均匀隔沟灌溉相比，APRI 每次灌水面积只占其一半，可利用土壤水分干/湿交替供应产生的补偿效应促进根系生长（第 4 章）。说明 APRI 下 55％ FC 可以提高根系对生育期内 0～100cm 土层土壤水分的吸收能力。其机理有待进一步研究。

本研究发现，ET 在 W3N3 处理下最大（519.1mm），在 W1N1 处理下最小（412.8mm）（表 8.1）。在同一地区，均匀隔沟灌溉下，张立勤等（2007）发现玉米 ET 的范围从亏水灌溉下的 532.4mm 到充分灌水时的 686.7mm。但是本书试验条件下籽粒产量与张立勤等（2007）的籽粒产量相当。这种差异除受不同生长季节的气象因素影响和土质变异外，可能与灌溉方式有关：与均匀灌水相比，APRI 可促进土壤水分侧渗，减少土壤水的深层渗漏量（第 3 章）。特别地，在干旱区蒸发量很大，实施 APRI 每次灌溉湿润面积只占隔沟灌水的一半，可使作物蒸发量显著降低（Tang et al.，2010）。Liu et al.（2002）也发现减少土壤表层的含水量，可以明显降低 ET，如滴灌时在根区的土壤水分呈球形分布，虽然表层土壤较干，但仍可以促进根系的生长。进一步地，与 Li et al.（2015）的研究结果相一致，本书中 ET 随施氮量的增加而增加，特别是在 W3 处理下（表 8.1）。这主要是因为水分供应相对充分时，增施氮肥使作物生长健壮、根系发达、枝叶茂盛，从而使腾发量增加（肖新 等，2012）。本研究中表现为 W3 处理下叶面积指数随施氮量的增加而增加（表 7.1），而较大的叶面积可以使 ET 增加（Ritche，1983）。

与常规隔沟灌溉相比，APRI 的节水效应得到大量验证。但是，一些研究表明 APRI 并不能节水（Kirda et al.，2005；Wakrim et al.，2005）。其中，Wakrim et al.（2005）发现当灌水量降到正常供水的 50% 时，APRI 与常规隔沟灌溉之间玉米的叶水势、蒸腾量、叶片 ABA 和木质部汁液的 pH 值无显著差异，使二者之间的气孔开度无明显差异。因此，他们认为 APRI 提高 WUE 是因为灌水量大幅减少而非其技术本身（Wakrim et al.，2005）。本试验条件下，与 W1 处理相比，W2 处理使 WUE 明显增加（图 8.5）。这一结果或许可以解释 Wakrim et al.（2005）发现的 APRI 不能节水的原因：他们的试验中灌水下限（50%ET）设置过低。这进一步验证了 APRI 不能发挥其节水效应主要是因为灌水量没有控制在合理范围之内（Sadras，2009）。研究还发现，与施氮量 100kg N/hm^2 相比，施氮量 200kg N/hm^2 的 WUE 也明显增加（图 8.5）。施氮量从 100kg N/hm^2 到 200kg N/hm^2，WUE 明显增加可能是因为氮素供应不足时，施氮可以增加根系对土壤水的吸收能力（图 8.4）和籽粒产量（表 7.2），提高 WUE（Hussaini et al.，2002）。因此，推测 APRI 能否提高水分利用效率与灌水下限和氮素水平是否合理密切相关。

APRI 可以改善植物的氮素营养状况，提高吸氮量（Kirda et al.，2005；Wang et al.，2013）。进一步地，Kraiser et al.（2011）研究发现 APRI 条件下作物的吸氮量与土壤中可利用矿物质氮含量以及根系的吸氮能力息息相关。本研究中，在任一灌水下限下，与其他施氮处理相比，N1 处理下吸氮量明显降低（表 8.2）。可能的原因是：施氮量为 100kg N/hm² 时矿物质氮含量不足，表现为施氮量为 100kg N/hm² 时抽丝期的叶绿素含量较其他施氮处理明显减少（表 8.2）。研究还发现，在任一施氮水平下，与其他灌水处理相比，W1 处理下的吸氮量明显降低（表 8.2）。一方面，水分亏缺会影响氮素的有效性，氮肥只有有效地溶解在水中才能更好地发挥肥效（Li et al.，2009）；另一方面，严重亏水会阻碍根系生长（Eghball et al.，1993），而且吸氮量与根长密度呈正相关（马存金 等，2014）。因此，W1 处理配合施氮量 100kg N/hm² 使吸氮量最低。类似地，与其他灌水处理相比，W1 处理下 NUE 显著降低（表 8.2），这与 Paolo et al.（2008）的研究结果：与灌溉处理相比，雨养条件下 NUE 明显降低相一致。说明提高吸氮量与氮素利用效率与控制适宜的灌水下限和施氮水平密切相关。

本书中，综合不同灌水下限，与施氮量 200kg N/hm² 相比，施氮量 100kg N/hm² 下籽粒吸氮量降低 8.3%（表 8.2），而施氮量降幅达 50%。200kg N/hm² 是当地玉米畦灌条件下适宜的施氮量。说明在供试地区采用 APRI 有进一步降低施氮量的潜力。原因在于：一方面，APRI 下干湿交替的水分供应可以产生 "Birth" 效应（Birth，1958），促使部分有机氮转化为矿物质氮（Xiang et al.，2008），增加了有效氮素的供应；另一方面，APRI 的一大优势在于其可以改善根系生长，增加根表面积（第 4 章），增加了根系的吸氮能力。由此，最终改善了根系从土壤中的吸氮能力（Kraiser et al.，2011）。

8.5 小结

本章分析了在 APRI 条件下不同灌水下限和施氮水平时玉米对水分和氮素利用的影响，结论如下：

（1）0～100cm 土层，在任一施氮水平下，W1 处理下玉米生长期从 0～100cm 土层土壤吸收的水量大于其他灌水处理。在任一灌水下限下，玉米生长期的吸水量随施氮量的增加而增加，且在 W3 处理下差异更大。说明 APRI 下灌水下限和施氮水平对玉米生长期从 0～100cm 土层土壤的吸水量存在明显的交互效应。收获时储水量和 ET 均随灌水下限的增大而增大，不同的是土壤储水量随施氮量的增加而减少，而 ET 随施氮量的增加而增加。综合施氮水平，W2 与 W3 处理间收获时各土层土壤含水量和玉米生长期耗水量相当。说明 APRI 下 65%FC 和 75%FC 对玉米的耗水量的影响没有显著差异。

（2）在任一施氮水平下，玉米的水分利用效率表现为 W2 处理＞W3 处理＞W1 处理；在任一灌水下限下，与施氮量 100kg N/hm² 相比，施氮量 200kg N/hm² 和 300kg N/hm² 下的水分利用效率增大。W2 处理配合施氮量 200kg N/hm² 或

300kg N/hm^2 获得最大的水分利用率（1.41kg/m^3）。说明 65％FC 配合施氮量 200kg N/hm^2 或 300kg N/hm^2 能显著提高 APRI 下玉米的水分利用效率。

（3）多数情况下，抽丝期叶绿素含量、籽粒和秸秆吸氮量在 W2 与 W3 处理之间没有显著差异，但显著大于 W1 处理。类似地，施氮量 200kg N/hm^2 与 300kg N/hm^2 之间的上述值相当，但显著大于施氮量 100kg N/hm^2。W2 处理下，增加施氮量使氮收获指数明显增加。在任一施氮水平下，与其他灌水处理相比，W1 处理降低氮素利用效率；在任一灌水下限下，氮素利用效率表现为施氮量 100kg N/hm^2＞200kg N/hm^2＞300kg N/hm^2，且差异达显著水平。施氮量 100kg N/hm^2 配合 W3 或 W2 处理获得最大的氮素利用效率。0～100cm 土层土壤 NO$_3^-$ - N 残留量随施氮量的增加而增加，而随灌水下限的增加而减小。以上结果表明，APRI 下玉米对氮素的吸收在 65％FC 或施氮量 200kg N/hm^2 下达到一个相对理想值，进一步增加水氮供应量对吸氮量的增加贡献不大。65％FC 配合施氮量 200kg N/hm^2 可以获得相对较高的氮素利用率，并降低收获后土壤 NO$_3^-$ - N 残留量。

第9章

交替隔沟灌溉条件下玉米灌溉制度研究

一般地，玉米在不同生育期经受水分亏缺造成的减产幅度是不一样的（Claasen et al.，1970）。在干旱地区，Cakir（2004）发现，均匀隔沟灌溉下大田玉米对水分亏缺的最敏感时期是抽雄期和灌浆期。于保静等（2006）发现，APRI条件下大田玉米大喇叭口至灌浆开始是需水的临界期，该时期缺水受旱，会对作物产量产生严重影响。畦灌条件下，王廷宇等（1998）发现，各生育期土壤水分影响大田玉米产量大小的顺序依次是灌浆期、孕穗期、拔节期、开花期、苗期。薛冯定等（2013）发现，灌浆期不灌水不仅对大田玉米产量没有显著影响，还可大幅度提高WUE。董平国等（2014）发现，玉米在灌浆—乳熟期不灌水，可显著提高产量和WUE。半干旱地区，Igbadun et al.（2007）发现开花期保持灌溉能获得可观的大田玉米产量，即使在拔节期和灌浆期亏水。可见，不同地区、灌水管理措施及品种下玉米对水分亏缺的敏感程度不同，甚至差异很大。因此，有必要探索具体地区和玉米品种在不同生育期对水分亏缺的敏感程度，为制定合理的灌溉制度提供理论依据。

试验地区，在APRI条件下，杨秀英等（2003）发现，覆膜春玉米全生育期只需灌水$1800\sim2100\text{m}^3/\text{hm}^2$，接近大田滴灌的灌水量，比均匀隔沟灌溉节水33%。在常规隔沟灌溉下，张立勤等（2007）发现，适宜的灌溉定额是450mm，其与畦灌相比节水37.5%。可见，之前的研究主要立足于比较APRI与均匀隔沟灌溉或畦灌在作物耗水量上的差异，APRI条件下灌水时间和灌水量分配上只是参照了当地均匀隔沟灌溉的经验值，其优化灌溉制度尚不明确。

本章重点研究APRI条件下不同灌溉制度对玉米阶段耗水量、不同生育期作物系数、水分亏缺指数、产量和WUE的影响。进而建立APRI条件下玉米的水分生产函数，探索干旱区APRI条件下玉米适宜的灌溉制度。

9.1 APRI 下玉米耗水规律及作物系数

9.1.1 玉米全生育期参考作物蒸发蒸腾量变化规律

依据自动气象站所测的气象资料，利用 Penman – Monteith 公式逐日计算玉米生育期内参考作物蒸发蒸腾量 ET_0 如图 9.1 所示。玉米全生育期内 ET_0 的平均值为 3.70mm/d，随时间呈现明显的季节性变化。具体表现为：ET_0 整体在玉米的生育期内表现为两头低中间高的特征。4 月 ET_0 在 4mm 以下，后随着日照时数、辐射强度的增加，ET_0 也逐渐增大，在 7 月达到最高值 6.17mm/d。8 月以后，太阳辐射强度降低，气温回落，逐渐减小仅为 3mm 左右。在 6—8 月期间出现一些较小的值，其受天气变阴或降雨的影响。Penman – Monteith 公式主要包括两部分，即辐射项和空气动力学项，分别代表太阳辐射和蒸发表面上方大气的对流、紊流和干燥程度对参考作物蒸发蒸腾量的影响。二者的比例主要受当地地理位置和气候条件的影响，而且随时间呈现为动态变化的过程，分析表明在试验期间绝大部分时间内，太阳辐射项占蒸发蒸腾量的比例在 55% 以上，特别是在 7—8 月期间，该值平均在 75% 左右。

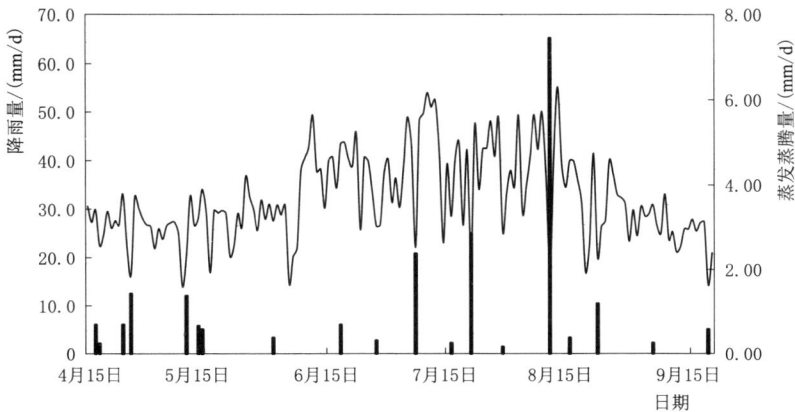

图 9.1　2014 年玉米全生育期降雨分布和参考作物蒸发蒸腾量变化

9.1.2 玉米各阶段的耗水量

玉米在不同灌溉制度下各生育阶段的耗水量、耗水强度和耗水模数见表 9.1。各生育期的耗水量表现为：苗期中度亏水（T1 处理）、苗期重度亏水（T2 处理）

表 9.1 交替隔沟灌溉下玉米在不同灌溉制度下各生育阶段的耗水量、耗水强度和耗水模数

处理	播种—拔节期			拔节—大喇叭口期			大喇叭口—抽雄期			抽雄—抽丝期		
	耗水量 /mm	耗水强度 /(mm/d)	耗水模数 /%	耗水量 /mm	耗水强度 /(mm/d)	耗水模数 /%	耗水量 /mm	耗水强度 /(mm/d)	耗水模数 /%	耗水量 /mm	耗水强度 /(mm/d)	耗水模数 /%
T1	54.45	1.16	13.85	80.24	3.49	20.41	51.3	3.66	13.05	52.38	3.74	13.32
T2	49.43	1.05	12.73	77.41	3.37	19.93	48.27	3.45	12.43	47.89	3.42	12.33
T3	90.14	1.92	20.26	70.14	3.05	15.77	51.13	3.65	11.49	55.31	3.95	12.43
T4	89.86	1.91	20.96	66.78	2.90	15.57	47.61	3.40	11.10	57.24	4.09	13.35
T5	80.31	1.71	18.39	94.51	4.11	21.64	61.34	4.38	14.04	47.85	3.42	10.96
T6	81.34	1.73	20.99	92.54	4.02	23.88	66.89	4.78	17.26	35.29	2.52	9.10
CK	85.21	1.81	17.25	95.45	4.15	19.33	65.94	4.71	13.35	62.16	4.44	12.59

处理	抽丝—灌浆期			灌浆—乳熟期			乳熟—收获期			全生育期		
	耗水量 /mm	耗水强度 /(mm/d)	耗水模数 /%	耗水量 /mm	耗水强度 /(mm/d)	耗水模数 /%	耗水量 /mm	耗水强度 /(mm/d)	耗水模数 /%	耗水量 /mm	耗水强度 /(mm/d)	耗水模数 /%
T1	48.22	3.21	12.27	42.44	3.86	10.80	64.11	2.07	16.31	393.14	2.54	100
T2	44.15	2.94	11.37	41.35	3.76	10.65	69.82	2.25	20.56	378.32	2.44	100
T3	55.97	3.73	12.58	43.13	3.92	9.70	79.00	2.55	17.76	444.82	2.87	100
T4	58.11	3.87	13.55	29.75	2.70	6.94	79.46	2.56	18.53	428.81	2.77	100
T5	53.16	3.54	12.17	32.54	2.96	7.45	67.03	2.16	15.35	436.74	2.82	100
T6	44.81	2.99	11.56	21.93	1.99	5.66	44.79	1.44	11.56	387.59	2.50	100
CK	67.05	4.47	13.58	45.87	4.17	9.29	72.23	2.33	14.62	493.91	3.19	100

注 耗水模数为阶段耗水量占全生育期耗水量的百分数。

和花粒期重度亏水（T6处理）的全生育期耗水量在370～400mm之间，与CK处理相比，耗水量分别减少20.40%、23.40%和21.52%。穗期中度亏水（T3处理）、穗期重度亏水（T4处理）、花粒期中度亏水（T5处理）的耗水量在400～450mm之间，分别减少9.94%、13.18%和11.57%。可见，苗期中度和重度亏水及花粒期重度亏水使耗水量明显降低。

各生育期的耗水强度整体表现为先增大后减小的趋势（图9.2）。具体表现为：在播种—拔节期，耗水强度在2mm/d以下；进入拔节期以后，耗水强度迅速增大，在大喇叭口—抽雄期T6处理下达到峰值（4.78mm/d），其后逐渐减小；在抽雄—灌浆期介于2.5～4.5mm/d之间；在灌浆—乳熟期T6处理下降到1.99mm/d；在乳熟—收获期整体耗水强度降到2.60mm/d以下，其中T6处理只有1.44mm/d。从全生育期的耗水强度来看，与CK处理相比，苗期中度和重度亏水及花粒期重度亏水使得耗水强度明显减弱。

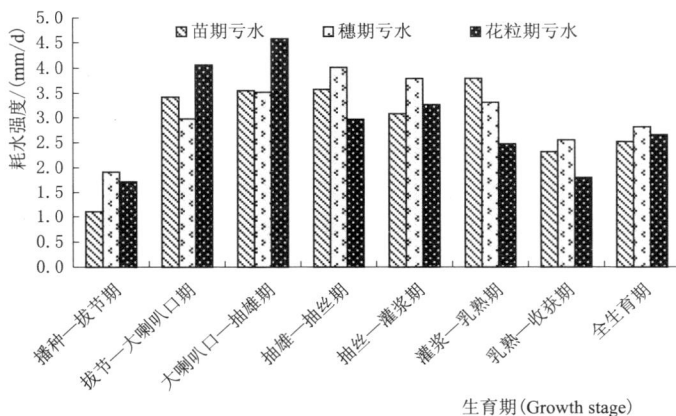

图9.2　不同生育期亏水条件下玉米耗水强度变化

［柱体代表平均值±标准差（n=3），数据为各生育期中度亏水和重度亏水处理的平均值。］

耗水强度在不同灌水处理之间表现也不同（表9.1）具体表现为：在播种—拔节期，T1和T2处理的耗水强度占CK处理的64.09%和58.01%；在拔节—大喇叭口期，T1和T2处理的耗水强度占CK处理的比例变为84.10%和81.20%，T3和T4处理的耗水强度则迅速下降，分别占CK的73.49%和69.88%；在大喇叭口—抽雄期，T1和T2处理的耗水强度占CK处理的比例下降到75.00%左右，T3和T4处理的耗水强度占CK处理的比例则进一步上升，分别为77.49%和72.19%；在抽雄—抽丝期，T3和T4处理的耗水强度占CK处理的88.96%和92.12%，T1和T2处理的耗水强度占CK处理的比例进一步上升，T5和T6处理的耗水强度则开始下降，耗水强度分别占CK处理的

77.03％和56.76％；在抽丝—灌浆期，T1和T2处理的耗水强度占CK处理的比例出现下降，分别占CK处理的71.81％和65.77％，与抽雄—抽丝期相比，T3和T4处理的耗水强度占CK处理的比例变化不大，T6处理的耗水强度占CK处理的比例则上升明显，达66.89％；在灌浆—乳熟期，T1~T3处理的耗水强度接近CK处理，与抽丝—灌浆期相比，T4~T6处理的耗水强度占CK处理的比例下降明显，其中T6处理的耗水强度仅占CK处理的47.72％；在乳熟—收获期，T6处理的耗水强度占CK处理的比例上升到61.80％，其他处理的耗水强度与CK处理的耗水强度相近。可见，与CK处理相比，任何生育期亏水处理的耗水强度均有所降低，且降低幅度随亏水程度加深呈增大的趋势。

由于亏水时耗水强度均呈下降趋势，综合各生育期中度亏水和重度亏水的耗水强度（取算术平均值）（图9.2），结果表明，任何生育期亏水时，耗水强度均明显下降，恢复正常供水后，则其耗水强度出现了明显的补偿效应。如苗期亏水的耗水强度在穗期迅速上升，穗期亏水的耗水强度在花粒期恢复正常供水后迅速上升。整体来看，与CK处理相比，任一生育期亏水处理的耗水强度普遍降低，很难恢复到CK处理的水平（乳熟—收获期除外）。然而，苗期亏水处理在灌浆—乳熟期的耗水强度迅速上升。

从耗水模数来看，CK处理的耗水模数介于9.29％（灌浆—乳熟期）~19.33％（拔节—大喇叭口期）之间。不同生育期耗水模数表现为：在播种—拔节期，与T2处理相比，T1处理的耗水模数增加8.80％；在抽雄—收获期，与T6处理相比，T5处理耗水模数增加的范围是5.27％~32.80％；在拔节—抽雄期，与T4处理相比，T3处理的耗水模数增加1.21％~3.42％。说明在苗期和花粒期中度亏水的耗水模数大于重度亏水处理的耗水模数，而在穗期二者的差异不大。

9.1.3　玉米的作物系数 K_c

图9.3反映了玉米在各生育期不同灌溉制度下的作物系数变化：CK处理的K_c呈单峰型变化，播种—拔节期较小，拔节—大喇叭口期迅速增大，其后缓慢增加，在抽丝—灌浆期达到最大，灌浆期开始持续减少。乳熟—收获期各处理的K_c值相近。T1和T2处理的K_c从拔节—大喇叭口期到大喇叭口—抽雄期出现了明显的下降，其后，T1处理的K_c变化趋势与CK处理相一致，T2处理的K_c则持续上升，在灌浆—乳熟期达到峰值［图9.3（a）］。与CK处理相比，T3和T4处理的K_c在拔节—抽雄期显著较低，抽雄—抽丝期接近，其后，T3处理的K_c变化趋势与CK处理一致，T4处理的K_c在灌浆—乳熟期剧烈下降［图9.3（b）］。T5和T6处理的K_c值与CK处理接近，抽雄—抽丝期均下降，T6处理的降幅更大，抽雄—乳熟期，与CK处理的变化趋势一致，K_c的值在T6

处理下最低，T5 处理下居中、CK 处理最大。可见，APRI 下亏水处理降低了作物系数。穗期和花粒期重度亏水时作物系数出现了剧烈变化，而苗期亏水时作物系数的变化相对较小。

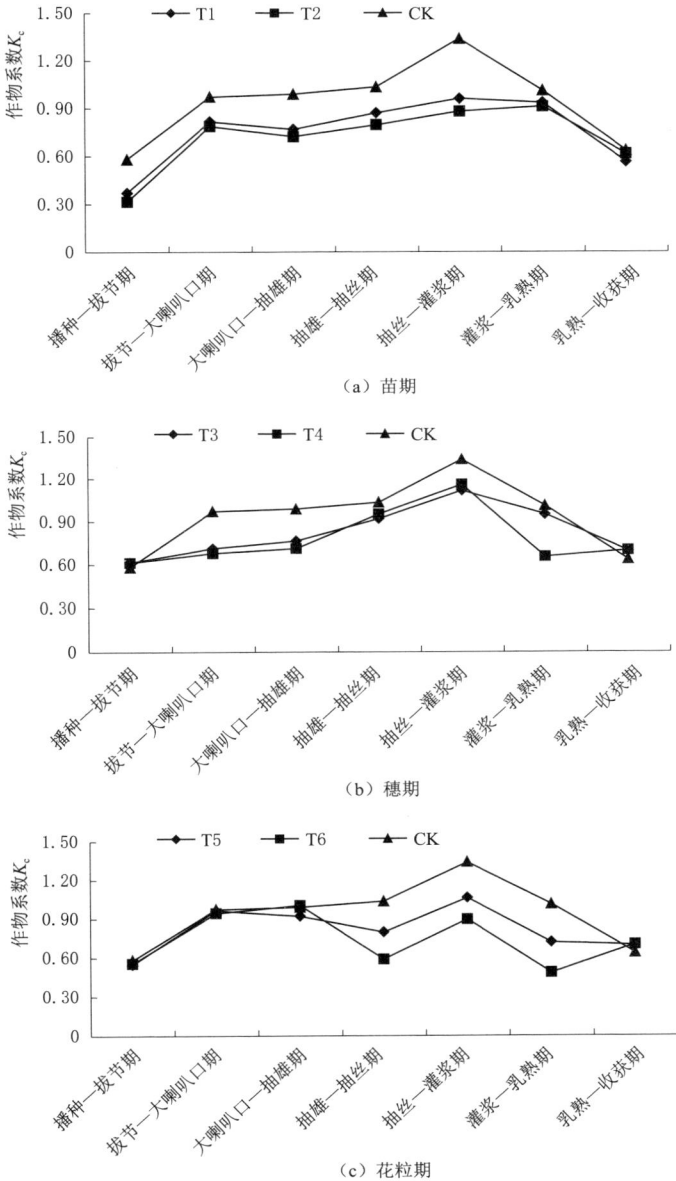

（a）苗期

（b）穗期

（c）花粒期

图 9.3　玉米在各生育期不同灌溉制度下的作物系数变化

9.2　APRI 下玉米的籽粒产量、水分利用效率和灌溉水分利用效率

由表 9.2 可知，与 CK 处理相比，T1 处理的籽粒产量没有显著下降，而其他处理的籽粒产量均显著下降，T2、T3、T4、T5 和 T6 处理的籽粒产量分别下降 13.29%、15.48%、28.13%、14.06% 和 19.87%。籽粒产量在不同处理间表现为：CK、T1 处理＞T2、T3、T5 处理＞T6 处理＞T4 处理。可见，苗期中度亏水对籽粒产量影响不显著，而苗期重度亏水或穗期和花粒期任何程度的亏水均造成籽粒产量下降，其中以穗期重度亏水处理造成的减产幅度最大。

与 CK 处理相比，WUE 在 T1 和 T2 处理下显著增加，在 T6 处理下无显著差异，在 T3、T4 和 T5 处理下显著降低。T1 与 T2 处理的 WUE 显著大于其他处理，T6 处理的 WUE 仅小于 T1 和 T2 处理，T4 处理的 WUE 最低（表 9.2）。结果表明，苗期亏水处理显著改善了玉米的水分利用效率，而穗期重度亏水明显降低了玉米的水分利用效率。

与 CK 处理相比，灌溉水分利用效率（IWUE）在 T1 处理下显著增加，T2、T3 和 T5 处理的 IWUE 差异不显著。T4 处理的 IWUE 显著小于其他处理，T6 处理的 IWUE 仅大于 T4 处理而小于其他处理（表 9.2）。可见，苗期中度亏水有利于提高作物的 IWUE，而穗期和花粒期重度亏水均抑制了作物 IWUE。以上结果表明，APRI 下苗期中度亏水有利于维持玉米籽粒产量，提高作物的水分利用效率和灌溉水分利用效率。

表 9.2　玉米在不同灌溉制度下的籽粒产量、水分利用效率和灌溉水分利用效率

处理	籽粒产量 /(kg/hm²)	耗水量 /(m³/hm²)	灌水量 /(m³/hm²)	水分利用效率 WUE/(kg/m³)	灌溉水分利用效率 IWUE/(kg/m³)
T1	6091a	3931	2400	1.55a	2.54a
T2	5617b	3783	2100	1.48a	2.34b
T3	5475b	4448	2400	1.23c	2.28b
T4	4656d	4288	2100	1.09d	1.94d
T5	5567b	4367	2400	1.27c	2.32b
T6	5191c	3876	2100	1.34b	2.16c
CK	6478a	4939	2700	1.31b	2.39b

注　同列数字不同字母表示差异性达 0.05 显著水平。

9.3 APRI 下玉米水分生产函数

9.3.1 玉米全生育期水分生产函数

APRI 条件下，玉米籽粒产量与实际作物蒸发蒸腾量（ET）和灌水量之间的关系如图 9.4 和图 9.5 所示。由图 9.4 可知，玉米籽粒产量随 ET 的增加变化不规律。可见，APRI 下耗水量的提高并不意味着玉米籽粒产量的提高。

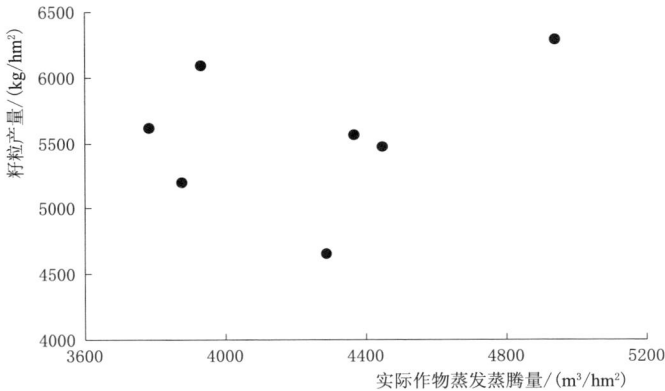

图 9.4 玉米籽粒产量与实际作物蒸发蒸腾量之间的关系

由图 9.5 可知，玉米籽粒产量与灌水量呈线性关系，籽粒产量随灌水量的增加而增加。然而，在同一灌水量条件下，玉米籽粒产量变化较大。由此可知，APRI 下玉米籽粒产量的高低除了受灌溉定额的影响外，还与灌溉定额在整个生育期的分配有关。

由图 9.6 可知，玉米籽粒产量降幅随实际蒸发蒸腾量的减少幅度呈增大趋势，但是有两个点（T1 与 T2 处理相应值）除外，位于回归线右下侧。剔除此两点后，$y = 1.13x$，$R^2 = 0.51$。结果表明，APRI 下合理灌溉可以在大幅减少实际蒸发蒸腾量的条件下使得籽粒产量的降幅不明显。

9.3.2 玉米阶段水分生产函数

按照第 2.3.1.5 节的求解方法解出 Jensen 模型的敏感指数见表 9.3。从表中可知，玉米在拔节—抽雄期敏感指数最大，说明本阶段受旱对玉米产量影响最大。玉米在播种—拔节期敏感指数最大，说明在此生育期适度缺水有利于提高玉米产量。

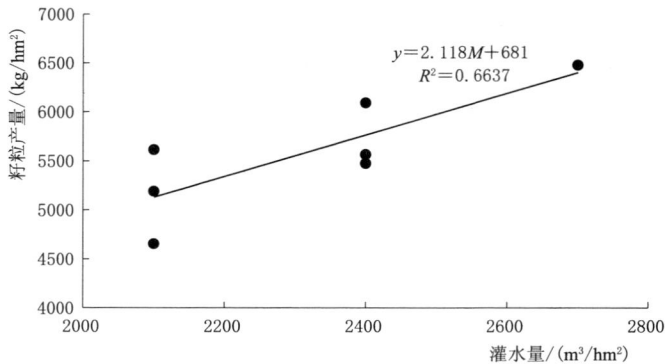

图 9.5 玉米籽粒产量与灌水量之间的关系

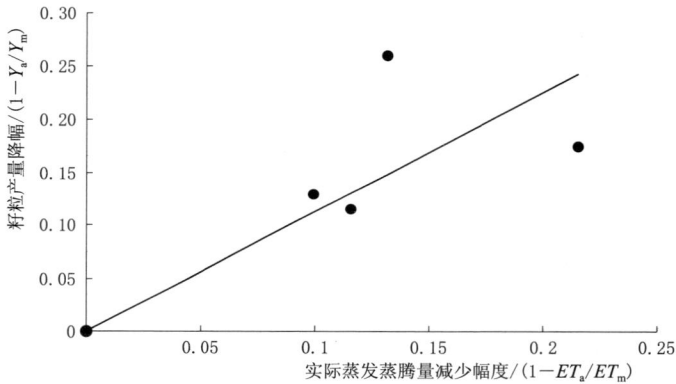

图 9.6 玉米籽粒产量降幅与实际蒸发蒸腾量减少幅度之间的关系

表 9.3 交替隔沟灌溉下玉米不同生育期对缺水的敏感指数

生育阶段	播种—拔节期	拔节—抽雄期	抽雄—灌浆期	灌浆—乳熟期
敏感系数	0.03	0.72	0.60	0.13

于是，玉米四个大生育期的 Jensen 模型可表示为

$$\frac{Y_a}{Y_m}=\left(\frac{ET_1}{ET_m}\right)^{0.03}\left(\frac{ET_2}{ET_m}\right)^{0.72}\left(\frac{ET_3}{ET_m}\right)^{0.60}\left(\frac{ET_4}{ET_m}\right)^{0.13} \tag{9.1}$$

9.4 APRI 下玉米灌溉制度及其优化

9.4.1 玉米经济灌溉定额的确定

在干旱缺水条件下，灌溉水源的水量满足不了整个灌区灌溉面积上充分灌溉的需求，此时的耗水量或灌溉水量不应是作物产量与耗水量关系中相应的最

高产量的水量。根据作物产量与耗水量的关系，以 *WUE* 或 *IWUE* 为最高值目标，确定作物的耗水量和灌溉定额是常用的方法（钱蕴壁 等，2002）。当尝试以 *WUE* 和 *IWUE* 最高确定经济灌溉定额时，前者因玉米籽粒产量与蒸发蒸腾量（耗水量）关系不明显（图 9.4），经济用水灌溉定额以水分利用效率最高为指标在本试验中并不适用。后者因玉米籽粒产量与灌水量关系呈一次曲线关系（图 9.5），经济用水灌溉定额以灌溉水分利用效率最高为指标在本试验中无法推求。

因此，应该综合考虑玉米 *WUE*、*IWUE* 和籽粒产量三个指标来判断确定，即尽量使三者都获得较高值。由表 9.2 可知，APRI 下 CK 处理的籽粒产量最高，而 *WUE* 居于中间水平。T1 处理的籽粒产量、*WUE* 和 *IWUE* 均较高。进一步地，虽然 T1、T3 和 T5 处理的灌溉定额相同，但是 T1 的籽粒产量、*WUE* 和 *IWUE* 均显著高于 T3 和 T5 处理。在保证较高水分利用效率的基础上，尽可能考虑籽粒产量和种植经济效益的提高，因此本书在灌溉制度的推求上，经济灌溉定额取为苗期轻度亏水的灌溉定额（2400m³/hm²）。

9.4.2　玉米灌溉制度的优化

在施肥、光照、耕地管理措施等相同的条件下，作物生长季节的供水量及其在作物生育期内的分配，对作物总产量有较大影响，减产程度随不同生育阶段的亏水程度而变化。因此，干旱缺水灌溉下灌溉定额在生育期内的最优分配研究对使有限水量获得最大农业生产效益具有重要指导意义（陈传友 等，1999）。在上面的分析中，虽然确定了玉米全生育期的经济灌溉定额，但是相同灌溉定额下籽粒产量差异显著（表 9.2）。因此，研究限额供水的灌溉制度问题，就是要根据作物产量与各阶段耗水量的关系，先弄清楚作物在不同生长时期缺水减产程度，然后对灌溉定额进行最优分配，以使玉米产量尽可能达到最大值。在这一考虑下，遵循的一条总原则是：灌好作物增产的关键水，尽可能满足作物需水临界期的需水要求。

优化灌溉制度是指在一定的灌溉供水量下，如何把该水量分配到各生育阶段，使产量达到最大。解决这个问题常用的方法有线性规划和动态规划。本书采用动态规划方法求最优解，详见第 2.3.1.5 节。算例中各项参数取值如下：作物根层深度平均取 100cm，体积田间持水率 W_M 取 32.41%，容重为 1.49t/m³，W_m 为 3241m³/hm²，W_L 取 $0.70W_m$（为 2269m³/hm²），W_W 取 10%（为 1000m³/hm²），ΔW 取 250m³/hm²，土壤含水量离散为 7 个状态。灌溉定额为 2400m³/hm²，一次灌水定额 267m³/hm²。初始含水量根据实际资料统计，在苗期初期为 23.29%，即 2329m³/hm²。将上述参数值代入第 2.3.1.5 节动态规划模型，即可求得经济灌溉定额的最优分配结果（表 9.4）。

由表9.4可以看出，基于Jensen模型，当初始体积含水率为23.29%（约为田间持水率的70%）时，经济灌溉定额分配到拔节—抽雄期的值最大，然后大小顺序依次为抽雄—灌浆期、灌浆—乳熟期和播种—拔节期。这与玉米不同生育阶段对水分的敏感指数的变化一致。可见，当初始含水率相同时，交替隔沟灌溉下作物生育期敏感指数是影响经济灌溉定额分配的主要因素。

表 9.4　　　　　　　　　　经济灌溉定额的最优分配　　　　　　　　单位：m^3/hm^2

模型	初始含水率/%	播种—拔节期	拔节—抽雄期	抽雄—灌浆期	灌浆—乳熟期	乳熟期含水率/%	Y_a/Y_m
Jensen	23.29	310	940	790	360	18.70	1.00

APRI条件下玉米的经济灌溉定额为2400m^3/hm^2，利用动态规划法求得的经济灌溉定额的分配见表9.4，结合经济灌溉定额的分配，玉米的优化灌溉制度见表9.5。根据不同生育期耗水量（表9.1），建议拔节期前灌水定额采用160m^3/hm^2，拔节—灌浆期灌水定额采用330m^3/hm^2，灌浆—乳熟期灌水定额采用160m^3/hm^2。拔节—抽雄期灌水3次，播种—拔节期、抽雄—灌浆期和灌浆—乳熟期各灌水2次。由于交替隔沟灌溉条件下玉米在各生育期灌水次数较多，因此表中所列数据只是各生育期的灌水量，具体如何实施还需依据降雨情况做进一步调整。

表 9.5　　　　　交替隔沟灌溉条件下玉米的优化灌溉制度

灌水要求	播种—拔节期	拔节—抽雄期	抽雄—灌浆期	灌浆—乳熟期
灌水定额/m^3	160	330	330	160
灌水次数/次	2	3	2	2

9.5　讨论

9.5.1　APRI下不同灌溉制度对玉米的耗水量和耗水强度的影响

玉米植株高大，生长期间需要合成大量的有机物，因此全生育期耗水量较大。具体地，Dorrenbos（1977）发现，为获得最大的玉米产量，耗水量的范围在430mm到490mm之间，其变化取决于当地气候条件和玉米生育期的长短。肖俊夫等（2008）报道了我国玉米耗水量及耗水规律，认为我国春玉米耗水量变化为400~700mm，夏玉米耗水量变化为350~400mm。本书中，供试作物为玉米，采用APRI技术，不同处理的耗水量变化在393~494mm之间（表9.1）。其中，充分供水处理（CK处理）的需水量最大（493.91mm）。同一地区，在充分供水条件下，采用膜下滴灌技术，张振华等（2004）发现全生育期内大田玉米的耗水量为 507mm，张芮（2007）发现玉米的耗水量为 360mm；在均匀隔沟灌溉下，张立勤等（2007）发现玉米的耗水量高达 678mm；在畦灌条件下，马兴祥等（2014）发现玉米的耗水量为 600mm。可见，与均匀隔沟灌溉或畦灌相比，APRI 明显降低了玉米的耗水量，其苗期中度亏水的耗水量（393.1mm）接近膜下滴灌充分供水的耗水量（360mm）。这与杨秀英等（2003）在同一地区关于大田玉米在 APRI 下的研究结果相一致。主要原因是，干旱区蒸发蒸腾量较大，APRI 技术由于只给作物一侧交替供水，减小了每次灌溉的湿润面积。因此，显著降低干旱区作物的蒸发量（Du et al.，2010；Tang et al.，2010）。

本研究发现，各生育期的耗水强度表现为先增大后减小的趋势（图 9.2）。这主要与玉米的生理活动及气象因素有关：玉米苗期需水不多，较耐旱，叶片面积较小，农田蒸散以棵间蒸发为主。玉米拔节期以后，转入营养生长和生殖生长并进阶段，植株生长加快，干物质积累急剧增加，这时气温也逐渐升高，需水强度不断加大，到抽雄期达到高峰。灌浆期是玉米茎叶光合产物和积累的营养物质大量向籽粒转运时期，需水量也较大。乳熟期以后，植株衰老，叶片蒸腾减少，需水强度明显减弱（钟兆站等，2000）。

研究表明，不超过植物适应范围的缺水，往往在复水后，可产生水分利用和生长上的补偿效应（胡田田等，2004）。本书中，当亏水处理恢复正常供水后，耗水强度明显增大（图 9.2），体现了作物对亏水的适应和补偿效应。另外，与 CK 处理相比，生育期内苗期中度亏水的耗水强度普遍较低。可能的原因是，一方面，苗期适当亏水（蹲苗）锻炼后，植株的根系能更新，长出大量新根（余淑文等，1964）；另一方面，采用 Hoagland 溶液培养，干湿交替供应水分使得玉米根冠比增大，根系分枝的数目增加，活性根生成增多（梁宗锁等，2000b）。前述灌水施氮方式的试验结果表明，与均匀隔沟灌溉相比，APRI 显著促进玉米根系生长及深扎（第 4 章）。当二者结合时，它们的补偿效应可能叠加，改善的根系促使对 100cm 土层以下的吸水能力增强。因此，对 0～100cm 土层土壤的供水依赖减弱。但是，苗期中度亏水处理在灌浆—乳熟期的耗水强度明显增大，这与灌浆期为籽粒产量形成的关键期（Hirel et al.，2007），对水分和养分的需求量较大有关。可见，改善的根系同样对 0～100cm 土层的土壤水有巨大的吸收潜力，其机理需要进一步研究。

9.5.2 APRI 下不同灌溉制度对玉米作物系数的影响

同一地区，在充分供水时，张振华等（2004）发现膜下滴灌条件下大田玉米的作物系数 K_c 苗期最小（为 0.39），然后逐渐上升，抽雄吐丝期最大（为 1.11），后逐渐下降，乳熟期为 0.50，全生育期的 K_c 值为 0.75。Li et al.（2010b）发现畦灌条件下大田玉米 K_c 值从苗期的最小值 0.44 到抽雄期的最大值 1.46，全生育期的 K_c 值为 1.04。本研究中 CK 处理的 K_c 变化趋势与其一致（图 9.3），变化范围从播种—拔节期的最小值 0.58 到抽丝—灌浆期的最大值 1.24，全生育期 K_c 值为 0.86。可见，采用 APRI 技术时，玉米作物系数与膜下滴灌大田玉米相近，节水效果明显。然而，玉米在膜下滴灌和畦灌条件下的作物系数尚不明确，其作物系数较小可能还与品种有关，需要进一步研究。

在作物参考蒸发蒸腾量一定的情况下，需水量多少是决定 K_c 大小的关键因素。本书研究表明，当任何生育期亏水时，亏水处理都会使得作物系数明显降低，且很难恢复到对照的水平（图 9.3）。这与肖俊夫等（2010）的研究结果相一致，他们指出亏水处理不但造成阶段需水量的降低，而且会降低整个生育期的需水量。杜太生（2006）在同一地区关于棉花的研究结果也表明，当灌水方式相同时，K_c 的值与灌水量成正相关。另外，本书发现穗期和花粒期重度亏水使得 K_c 出现剧烈下降，不同的是穗期重度亏水时 K_c 的下降出现在灌浆—乳熟期，而花粒期重度亏水时 K_c 的下降出现在抽雄—抽丝期。这说明穗期重度亏水降低作物系数有一定的滞后性。

9.5.3 APRI 下不同灌溉制度对玉米产量和水分利用效率的影响

山仑（1994）认为，在一定条件下，中等水分亏缺不会对作物产量造成影响，却能显著提高作物水分利用效率。Turner（1997）认为，水分亏缺并不总是降低产量，早期适度的水分亏缺在某些作物上反而有利于增产。蔡焕杰等（2000）认为，调亏灌溉的适宜时段应该是作物生长的早期阶段。本书结果与上述结论具有一致性：在 APRI 下，苗期中度亏水有利于维持玉米籽粒产量，提高作物的水分利用效率和灌溉水分利用效率（表 9.2）。与之相对的是，APRI 下穗期重度亏水严重抑制了籽粒产量、水分利用效率和灌溉水分利用效率。可能原因是，苗期玉米植株较小，气温也较低，蒸发强度小（图 9.1），需水强度也小（表 9.1），也就是说作物缺水的发展速度相对较慢。较慢的水分亏缺发展速度对作物产量的影响较小（Kobata et al.，1992）。而在作物的生长中期阶段，气温升高，蒸发强度大（图 9.1），植株生长旺盛，需水强度也大（表 9.1），作物缺水的发展速度比较快，因此不适于进行调亏灌溉。还有，穗期是玉米对水分亏缺最敏感的时期，该时期重度亏水直接导致叶面积、生长速率、株高和产量的显著下降（李中恺等，2018）。其中，叶面积的降低会显著降低 WUE（Liu et al.，2002）。

同一地区，充分供水时，Kang et al.（2000a）发现在均匀隔沟灌溉和 APRI 下大田玉米的水分利用效率差异不大，分别为 2.76kg/m³ 和 2.66kg/m³；张立勤等（2007）报道了垄膜覆盖均匀隔沟灌溉下玉米的 WUE，两年的平均值为 1.12kg/m³；张芮等（2009）发现膜下滴灌条件下的水分利用效率（WUE）

为 $2.01kg/m^3$，灌溉水分利用效率（*IWUE*）为 $2.93kg/m^3$。本书中，APRI 下 CK 处理的玉米 *WUE* 和 *IWUE* 分别为 $1.31kg/m^3$ 和 $2.39kg/m^3$（表 9.2），2014 年常规沟灌均匀施氮条件下的水分利用效率为（$1.09kg/m^3$）。结果表明，与均匀隔沟灌溉相比，APRI 能显著提高水分利用效率，灌溉水分利用效率接近滴灌条件下的 *IWUE*。但是，玉米的 *WUE* 普遍低于大田玉米的 *WUE*。这主要是因为大田玉米的产量（$8500\sim10500kg/hm^2$）远高于玉米（$6000\sim7000kg/hm^2$）所致。

9.5.4 APRI 下不同灌溉制度对玉米水分生产函数的影响

一般地，作物的产量反应系数 K_y 值越大，表明在一定水分亏缺时减产越明显。本书中，除去苗期中度和重度亏水处理，K_y 的值为 1.13（苗期亏水其他生育期正常供水时 K_y 仅为 0.33）。这一值小于 Dooenbos et al.（1979）报道的 1.25 和 Howell et al.（1997）报道的 1.47，但是大于 Kipkorir（2002）报道的 0.89，接近 Dagdlen et al.（2006）报道的 1.04。Kresovic et al.（2016）比较了不同地区的 K_y，发现 K_y 的值取决于作物生长对水分亏缺的敏感程度、灌溉制度和气象条件。在与试验地相似干旱的地中海地区，通过三年的大田试验，Cakir（2004）发现均匀灌水时 K_y 的值为 1.36。因此，可以推测本书中 K_y 较小还与灌水方式有关，APRI 有利于降低作物反应系数。尽管如此，当对所有处理综合时，K_y 的关系变得不明确（图 9.6），即产量的降低幅度（$1-Y_a/Y_m$）和蒸发蒸腾减少幅度（$1-ET_a/ET_m$）关系不大。同样地，籽粒产量与作物蒸发蒸腾量关系不明确（图 9.4）。可能的原因是，Kipkorir（2002）认为当施加水分亏缺程度贯穿整个生育期时，采用全生育期水分生产函数才切实可行。而本书中，在不同的生育期施加了不同程度的亏水，使得全生育期水分函数的适用性降低。

基于 Jensen 模型，张芮（2007）发现在膜下滴灌条件下玉米在拔节—抽穗期对缺水最敏感，抽穗—灌浆期次之，灌浆—乳熟期对缺水最不敏感。Igbadun et al.（2007）发现开花期是玉米对水分最敏感的时期。相似地，本书中，在 APRI 下，拔节—抽雄期玉米的敏感指数最高，播种—拔节期最低（表 9.3）。可能的原因是，拔节期水分胁迫较大时，叶龄推迟，叶面积指数在营养生长阶段一直较小，造成植株矮小，抽丝期水分胁迫实粒数明显偏低，秕粒数多，进而影响千粒质量的增加，最终显著降低作物生物产量和经济产量（张芮 等，2009）。本书中表现为穗期和花粒期重度亏水的经济产量较其他处理显著降低（表 9.3）。但是，本书中播种—拔节期对缺水最不敏感，这可能与初始含水量较高有关。试验地区收获后要进行冬灌，灌水量高达 $1000m^3/hm^2$。Zhang et al.（2004）认为起始阶段较高的土壤储水量对后期亏水灌溉下获得作物高产至关重要。除此之外，APRI 的一大优势就是通过补偿作用促进根系生长，进而促进作物对水分的吸收。另外，值得注意的是，本书中抽丝期末出现一次强降雨，降雨量接近 70mm（图 9.1），但花粒期重度亏水的籽粒产量大幅下降（表 9.2）。可见，抽丝—灌浆期为玉米关键生育期，此时期亏水造成的产量降低无法通过补偿效应恢复，表现为作物系数在此时段达到最大（图 9.3）。

9.6　小结

本章分析了 APRI 下不同灌溉制度对玉米耗水规律、籽粒产量、水分利用和作物水分生产函数的影响，并优化了灌溉制度，取得以下主要成果：

（1）玉米生长期的耗水在苗期中度亏水下最小（393.14mm），全生育期充分供水（CK 处理）下最大（493.91mm）。玉米任一生育期亏水均使得耗水强度有所降低，恢复正常供水后，则发生明显的补偿效应，其中苗期中度亏水补偿效应最强。说明 APRI 下玉米苗期中度亏水明显减少其作物蒸发蒸腾量，并且对苗期之后玉米耗水强度的影响最小。

（2）CK 处理下，玉米生长期的作物系数 K_c（0.86）和玉米籽粒产量（6478kg/hm^2）最大。任一亏水期亏水均降低了 K_c，穗期和花粒期重度亏水下 K_c 下降幅度更大。说明 APRI 下玉米穗期和花粒期的重度亏水对作物系数影响更大。与 CK 处理相比，苗期重度亏水、穗期中度亏水、穗期重度亏水、花粒期中度亏水和花粒期重度亏水的籽粒产量分别下降 13.29%、15.48%、28.13%、14.06% 和 19.87%，均达统计学显著水平；而苗期中度亏水下产量仅下降 5.97%，差异不显著。然而，苗期中度亏水下玉米生长期的耗水量较充分供水下降 20.41%。因此，APRI 下苗期中度亏水明显提高玉米的水分利用效率。

（3）基于 Jensen 模型，玉米在播种—拔节期、拔节—抽雄期、抽雄—灌浆期和灌浆—乳熟期对应的敏感指数分别为 0.03、0.72、0.60 和 0.13。因此，玉米拔节—抽雄期和抽雄—灌浆期对缺水的敏感程度远大于播种—拔节期和灌浆—乳熟期。

（4）基于以上不同灌溉制度下玉米的耗水规律、产量、水分利用效率及阶段水分生产函数，确定 APRI 下玉米的经济灌溉定额为 2400m^3/hm^2。利用动态规划法对玉米的经济灌溉定额进行分配，初步确立了玉米的优化灌溉制度：拔节—抽雄期灌水 3 次，播种—拔节期、抽雄—灌浆期和灌浆—乳熟期各灌水 2 次。其中，拔节期前灌水定额采用 160m^3/hm^2，拔节—灌浆期灌水定额采用 330m^3/hm^2，灌浆—乳熟期灌水定额采用 160m^3/hm^2。

第 10 章

拔节期淹水与施氮量互作对玉米的生长和产量的影响

　　涝灾害是全球许多国家所面临的重大自然灾害。据统计，世界范围内受涝灾害影响的耕地面积大约占耕地总面积的 12％（Wu et al.，2018）。在我国，涝渍地主要集中在长江中下游地区及黄淮海平原地区，约占全国总涝渍地的 75％以上（时明芝 等，2006）。研究表明，植物受涝胁迫后，生长速率减小，生物量积累降低，株高和根系生长缓慢（钱龙 等，2015）。玉米是一种高耗水但不耐涝的作物，而且玉米不同生育期对涝害的敏感程度不同。研究表明，玉米开花前是涝反应的敏感期，其中以苗期最为明显，拔节期次之（Zaidi et al.，2004）。拔节期连续积水 3d 玉米植株的死亡率达到 17.1％，积水 5d 后植株的死亡率便高达 50％以上，积水 7d 后 70％以上的植株面临死亡威胁（Zaidi et al.，2007）。玉米在任一时期受涝，其产量均会不同程度地下降，具体下降幅度受渍水生育期、渍水程度、渍水时间长短等影响。我国西南和南方玉米区特别是长江中游春玉米生长季内，特别是拔节期间，易遭受渍害等非生物逆境胁迫。

　　近年来，作物抗逆生理生化机制的研究逐渐深入，氮素在调节作物抗逆中的作用引起人们的重视（郭文琦，2009；陈红琳 等，2017）。有研究表明，增施氮肥可以提高渍水棉花叶片、茎枝的生物量（郭文琦，2009）。一方面，渍水胁迫下施氮可以提高油菜的生物量、氮素累积量和产量（陈红琳 等，2017）；另一方面，也有学者发现渍水胁迫下增施氮肥时小麦的光合生产能力会降低，使籽粒千粒质量和籽粒氮素累积量减小，导致减产（范雪梅 等，2005）。可见，渍水条件下氮素是否促进作物生长发育和提高产量还存在分歧。因此，有必要对渍水逆境下氮素在作物抗逆性中的作用进行深入研究。

10.1　不同处理对春玉米株高和叶面积指数的影响

　　由图 10.1 可以看出，拔节期（5 月 14 日—6 月 16 日）及以前，不同处理间株高无显著差异（$P>0.05$）。拔节期淹水胁迫后，与正常供水相比，各施氮处理的株高均有所降低，降幅在 $4.51\%\sim25.72\%$ 之间。在正常供水和淹水条件下，大喇叭口期（6 月 17 日—7 月 2 日）开始，株高均表现为：N3 与 N4 处理 ＞N1 与 N2 处理＞N0 处理（$P<0.05$）。不同的是，与正常供水相比，淹水条件下施氮量增加时株高的增加幅度减小。特别地，当施氮量从 270kg N/hm² 增加到 360kg N/hm² 时，灌浆期（7 月 17 日—8 月 4 日）正常供水条件下的株高增加 5.12%，而淹水条件下的株高增加 1.84%。说明与正常供水相比，拔节期淹水条件下施氮对春玉米大喇叭口期至乳熟期株高生长的促进作用减小。

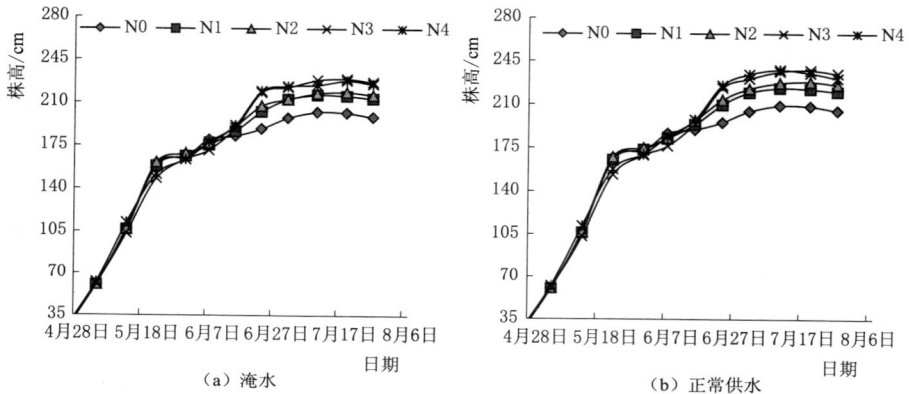

图 10.1　不同处理对春玉米株高的影响

（N0，N1，N2，N3 和 N4 分别表示施氮量为 0kg N/hm²，90kg N/hm²，180kg N/hm²，270kg N/hm²，360kg N/hm²；下同。）

　　由图 10.2 可以看出，从苗期（4 月 28 日—5 月 13 日）开始，春玉米的叶面积指数（LAI）持续增大，抽雄期（7 月 3—16 日）达到最大值，而后又迅速减小。与正常供水相比，拔节期淹水胁迫后，各施氮处理的 LAI 均有所降低，降幅在 $5.68\%\sim11.21\%$ 之间。不同施氮处理间的 LAI 表现为：拔节期及以前 LAI 无明显差异（$P>0.05$）；之后持续到乳熟期（7 月 26 日—8 月 5 日），N0 与 N1 处理的 LAI 明显小于其他施氮处理。LAI 有随施氮量增加而增加的趋势，其中以 N1 到 N2 处理的增幅最大。不同的是，与正常供水相比，淹水条件下施氮量增加时 LAI 的增加幅度更大。特别的，施氮量从 N1 处理增加到 N2 处理时，抽雄期（7 月 3—16 日）正常供水条件下的 LAI 增加 8.84%，而淹水条件下 LAI 增加 15.56%。但是从 N3 处理增加到 N4 处理时，LAI 不再增加，甚至减小。值得一提的是，与正常供水相比，抽雄期到灌浆期 N1 处理下的 LAI 降幅更大。可见，与正常供水相比，拔节期淹水下增施氮肥对促进春玉米大喇叭口期至乳熟期叶面积的生长更有利；然而，在玉米生灌浆期低氮下叶面积更容易出现早衰。

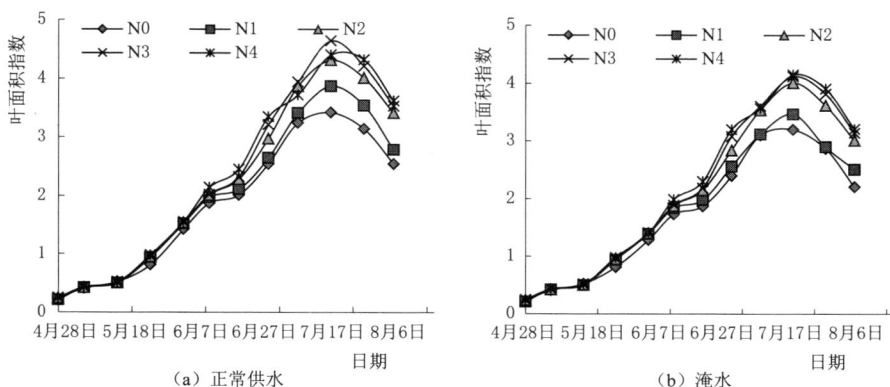

（a）正常供水
（b）淹水

图 10.2　不同处理对春玉米叶面积指数的影响

10.2　不同处理对春玉米产量及构成因素的影响

　　由表 10.1 可知，与正常供水（CS）相比，淹水（YS）条件下各施氮处理的穗长、穗行数、行粒数、千粒质量和产量均减少，而秃尖长均增加。两种水分管理条件下，不同施氮量间穗长表现为：N0 处理最小，N1 与 N2 处理间、N3 与 N4 处理间差异不显著；穗粗在不同施氮量间无明显差异；秃尖长表现为：N0 与 N1 处理显著大于其他处理，其中淹水时 N1 处理大于 N0 处理。行粒数表现为：在正常供水条件下，N0 与 N1 处理小于 N2、N3 与 N4 处理；在淹水条件下，N0 处理＜N1 处理与 N2 处理＜N3 与 N4 处理。千粒质量和产量均表现为：在正常供水条件下，N0 与 N1 处理＜N2 处理＜N3 与 N4 处理；在淹水条件下，N0 处理＜N1 处理＜N2 处理＜N3 与 N4 处理。具体就产量而言，在正常供水条件下，与 N0 处理相比，N1、N2、N3 与 N4 处理的产量分别增加 8.63%、23.91%、42.92% 和 47.35%；在淹水条件下，与 N0 处理相比，N1、N2、N3 和 N4 处理的产量分别增加 20.21%、31.86%、52.55% 和 57.03%。可见，施氮量为 0～270kg N/hm² 时，增施氮肥可以明显提高春玉米的产量，而且在淹水条件下提高幅度更大。

表 10.1　　　　　　　不同处理对春玉米产量及构成因素的影响

处　理		穗长 /cm	穗粗 /cm	秃尖长 /cm	穗行数	行粒数	千粒质量 /g	产量 /(kg/hm²)
CS	N0	12.10c	4.31a	0.37b	14.9b	35.7b	289.1c	5746c
	N1	13.57b	4.38a	0.31b	15.4b	36.1b	304.2c	6242c

续表

处　理		穗长 /cm	穗粗 /cm	秃尖长 /cm	穗行 数	行粒 数	千粒质量 /g	产量 /(kg/hm²)
CS	N2	13.80b	4.41a	0.24c	16.6a	36.8a	310.4b	7120b
	N3	14.41a	4.59a	0.18d	16.5a	37.2a	314.5a	8212a
	N4	14.52a	4.38a	0.19d	16.5a	37.8a	313.8ab	8467a
YS	N0	11.10d	3.92b	0.48a	12.1e	30.4d	250.1f	3810f
	N1	12.47c	4.01b	0.43a	13.2d	31.8c	263.2e	4580e
	N2	12.51c	4.11b	0.38b	14.2c	32.4c	274.8d	5024d
	N3	13.25b	4.21b	0.35b	15.1b	35.8b	291.4c	5812c
	N4	13.41b	4.18b	0.34b	15.2b	35.7b	293.6c	5983c

注　CS 为正常供水；YS 为淹水；N0，N1，N2，N3 和 N4 分别表示施氮量为 0kg N/hm²，90kg N/hm²，180kg N/hm²，270kg N/hm²，360kg N/hm²；同列数字后不同字母表示差异性达 0.05 显著水平。

10.3　讨论

拔节期淹水胁迫下，春玉米大喇叭口期至乳熟期的株高和 LAI 均明显减少（图 10.1 和图 10.2），这与周新国等（2014）的研究结果相一致。进一步地，有研究表明，玉米生育前期对涝害的反应较为敏感，植株拔节期淹水后其营养生长和生殖生长受到较大抑制，导致地上部分生物量和籽粒产量显著降低；拔节期淹水超过 4d，玉米千粒质量和穗粒数明显下降，经济产量明显受到影响（李香颜 等，2011）。这些结果与本书研究结果（表 10.1）基本一致。可能的原因是：拔节期淹水 5d 以上会降低作物的根系活力和叶绿素含量。根系活力下降时，将影响根的吸收与代谢能力。此外，拔节期淹水条件下 LAI 较低，显著降低了"源"的光合能力，不利于光合生产（刘波 等，2017）。同时，渍水胁迫会限制光合产物向籽粒的供应和转运，阻碍"库"的形成和生长。

研究发现，优化氮肥施用是改善苗期受渍油菜生长和产量形成的重要措施（Men et al.，2020；Tian et al.，2021）。在本研究中，拔节期淹水条件下施氮明显提高了春玉米的产量（表 10.1），并且在 N1 处理下即表现出明显的效果。可能的原因是：拔节期淹水使基施的氮肥通过淋溶或反硝化途径损失殆尽，根层土壤氮素的供应量降低（周新国 等，2014），春玉米后期根系可吸收和利用的养分大大减少，导致 N0 处理下土壤氮供应能力进一步降低，削弱作物对逆境胁迫的抗性。同时，施氮可提高渍水胁迫下植株叶片数、叶面积和 SPAD 值，降低植株光合能力的下降幅度，增加光合物质累积。此外，春玉米产量随着施氮量增加表现增加的趋势。进一步说明了施氮可以有效缓解渍害，提高春玉米产量（武文明 等，2011）。但是，当施氮量超过 270kg N/hm^2，产量不再增加（表 10.1）。说明，拔节期淹水下一定范围内增施氮肥可以明显促进春玉米生长，提高产量。

10.4　小结

（1）在一定施氮量（0～270kg N/hm^2）范围内，拔节期淹水胁迫下增施氮肥均可以提高春玉米大喇叭口期至乳熟期的株高和 *LAI*。拔节期淹水下，施氮量为 90kg N/hm^2 会加速春玉米叶片的早衰。

（2）拔节期在淹水条件下施氮可以明显提高春玉米的产量，与不施氮相比，施氮量为 90kg N/hm^2、180kg N/hm^2、270kg N/hm^2 和 360kg N/hm^2 时春玉米产量分别增加 20.21%、31.86%、52.55% 和 57.03%。

第 11 章

拔节期淹水与施氮量互作对玉米叶片衰老特性的影响

涝灾害是全球许多国家所面临的重大自然灾害。我国长江流域和黄淮海平原是涝灾害的多发区，约占全国受灾面积的 75% 以上。有研究表明，植物受涝胁迫后，生长速率减小，生物量积累降低，株高和根系生长缓慢（Ren et al.，2016）。此外，涝会显著降低根系周围的氧气含量，从而诱发叶片气孔部分关闭、降低叶片中二氧化碳的浓度，使叶片的净光合速率下降。

近年来，作物抗逆生理生化机制的研究逐渐深入，氮素在调节作物抗逆中的作用引起人们的重视。Zhou et al.（1997）研究表明，通过在冬油菜叶面喷施氮肥可以降低淹水胁迫对叶绿素含量的不利影响，进而提高净光合速率和籽粒产量。郭文琦（2019）研究发现，适当增加氮素供应量可以改善棉花根系的抗氧化酶活性，降低脂质过氧化作用，提高其根系活力，使棉花的耐涝性增强。然而，Ashraf et al.（1999）研究发现，与低氮处理相比，在长期淹水（21d）胁迫下高氮处理使玉米的叶绿素含量、净光合速率和气孔导度的降幅更大。此外，也有研究表明氮素供应水平对渍水下大麦的生长和产量没有影响（Masoni et al.，2016）。说明渍水条件下氮素是否促进作物生长发育和提高产量还存在分歧。而且，上述研究多在盆栽条件下进行，其试验环境与大田的实际情况差异很大。因此，有必要对氮素影响作物生长的生理机制做深入研究。

玉米对光、热、水、肥等资源的利用效率高、适应性广、生长期短、产量高，又是多熟制中承上启下的重要作物，在湖北省农业结构适应性调整中具有重要的作用（葛均筑 等，2016）。同时，玉米是一种高耗水但不耐涝的作物，而且其在不同生长阶段对涝害的敏感程度明显不同（Zaidi et al.，2004）。有研究表明，玉米开花前是涝反应的敏感期，其中以苗期最为明显、拔节期次之。拔节期连续积水 3d 玉米植株的死亡率达到 17.1%，积水 5d 后植株的死亡率便高达 50% 以上，积水 7d 后 70% 以上的植株面临死亡威胁（Zaidi et al.，2007）。玉米在任一时期受涝，其产量均会不同程度地下降，具体下降幅度受渍水生育期、渍水程度、渍水时间长短等影响（陈国平 等，1989）。我国西南和南方玉米区特别是长江中游春玉米生长季内特别是拔节期间易遭受渍害等非生物逆境胁迫（Ren et al.，2016），但关于氮素供应水平对该地区玉米渍害的影响报道很少。第 10 章研究了拔节期淹水与施氮量互作对春玉米生长和产量的影响，但未涉及二者对作物生理特性的影响。因此，本章研究拔节期淹水胁迫下不同施氮水平对江汉平原区春玉米生理特性的影响，以期为通过氮肥管理提高该地区春玉米的抗逆性提供一定理论依据。

11.1　不同处理对春玉米叶绿素 *SPAD* 值的影响

由图 11.1 可以看出，任一施氮水平下拔节期淹水胁迫（淹水条件）降低玉米叶片的叶绿素 *SPAD* 值，降幅在 2.71%～34.44% 之间。全生育期正常供水（适宜水分）和拔节期淹水胁迫下，监测时期内 N4 处理的 *SPAD* 值最大，N0 处理的相应值最小（$P<0.05$）。淹水条件下，叶片 *SPAD* 值随着施氮水平的提高而显著增加（$P<0.05$）。然而，在适宜水分下，淹水结束当天 N0 处理的 *SPAD* 值明显小于其他施氮水平（$P<0.05$），但 N1、N2、N3 与 N4 处理间 *SPAD* 值差异不显著（$P>0.05$）；第 59d 和 65d，N1 与 N2 处理之间 *SPAD* 值差异不显著（$P>0.05$），但明显小于 N3 与 N4 处理的 *SPAD* 值。

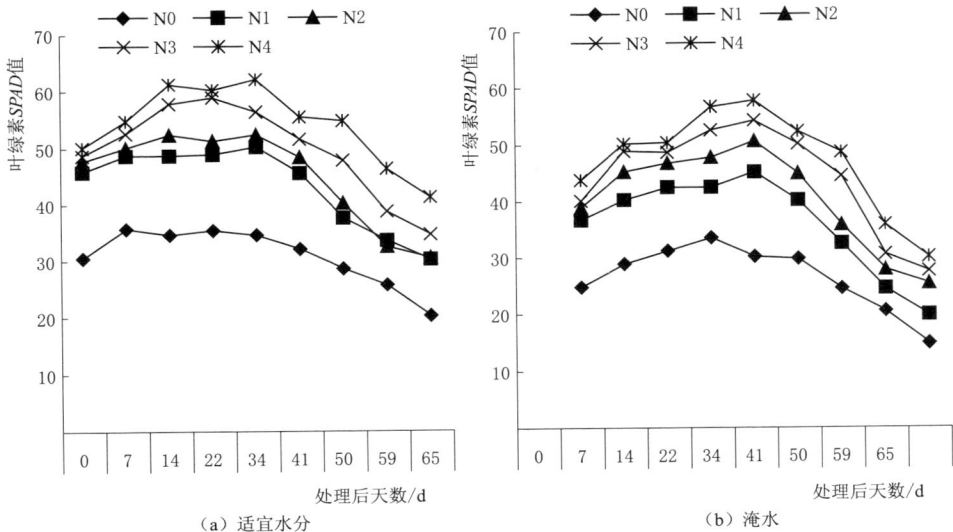

（a）适宜水分　　　　　　　（b）淹水

图 11.1　不同水氮处理对春玉米叶绿素 *SPAD* 值的影响

（N0、N1、N2、N3 和 N4 处理分别表示施氮量为 0kg N/hm²、90kg N/hm²、180kg N/hm²、270kg N/hm² 和 360kg N/hm²；下同。）

11.2　不同处理对春玉米叶片抗氧化酶活性的影响

由表 11.1 可知，任一施氮水平下，拔节期淹水胁迫结束当天（第 0 d）及以后第 15 d 和 35 d，受渍水胁迫的植株叶片的 POD、SOD 和 CAT 活性均显著低于适宜水分的植株（$P < 0.05$）。在适宜水分下，第 0 d、15 d 和 35 d，N3 处理的 POD、SOD 和 CAT 活性最大，N0 处理的 POD、SOD 和 CAT 活性最小；第 0 d 和 35 d 的 SOD 活性和第 35 d 的 POD 和 CAT 活性在 N0～N3 处理间均随着氮素水平的提高而显著增加，但在 N4 处理下，相应的 POD、SOD 和 CAT 活性反而显著降低（第 15 d 的 POD 和 CAT 活性除外）。在淹水条件下，除第 0 d 的 SOD 活性外，N3 与 N4 处理的 POD、SOD 和 CAT 活性显著高于其他施氮处理；第 0 d、15 d 和 35 d 的 POD 活性和第 15 d、35 d 的 CAT 活性在 N0～N4 处理内随着氮素水平的提高而显著增加。说明氮素供应水平在作物调节抗氧化酶活性方面起着重要作用；拔节期渍水胁迫下，施氮量为 270～360 kg N/hm² 可以提高春玉米叶片的 POD、SOD 和 CAT 活性。

表 11.1　　不同处理对春玉米叶片 SOD、POD 和 CAT 活性的影响

水分水平	氮素水平	SOD 活性 /[U/g·min)]			POD 活性 /[μg/(g·min)]			CAT 活性 /[μmol H₂O₂/(g·min)]		
		处理后天数/d			处理后天数/d			处理后天数/d		
		0	15	35	0	15	35	0	15	35
适宜水分	N0	300d	340c	369e	102d	180e	260d	21d	30e	32e
	N1	343c	402b	458c	121c	231b	315c	26d	35d	41c
	N2	400b	441b	532b	134a	238b	358b	34b	37d	46b
	N3	440a	498a	601a	158a	267a	427a	44a	51a	61a
	N4	396b	450b	554b	138b	270a	342b	35b	50ab	47b
淹水	N0	214e	256e	276f	74f	140f	167f	14f	18g	21f
	N1	302d	368c	400d	92e	187e	224e	18e	25f	32e
	N2	320d	370c	445c	108d	201d	267d	19e	30e	36d
	N3	350c	411b	510b	121c	220c	302c	31c	35d	41c
	N4	310d	420b	551b	135b	241b	310c	32c	41c	45b

注　同列数字不同字母表示差异性达 0.05 显著水平，下同。

11.3　不同处理对春玉米叶片丙二醛（MDA）含量的影响

由图 11.2 中可知，在任一施氮水平下，第 0d、15d 和 35d 淹水条件下植株叶片 MDA 含量均显著高于适宜水分植株的相应值（第 15d 的 N4 除外），且在两种水分处理下，N0 处理的 MDA 含量均最高。适宜水分下，第 0d、15d 和 35d，N3 处理的 MDA 含量最低，在 N3～N0 处理之间随着施氮量水平的减小 MDA 含量显著提高，到 N4 处理时 MDA 含量反而升高；而淹水条件下 N4 处理的 MDA 含量最低，在 N4～N0 处理之间随着施氮量水平的减小 MDA 含量显著提高（第 35d 的 N2 与 N3 处理除外）。说明拔节期在淹水胁迫下，增施氮肥可减少春玉米叶片的 MDA 含量。

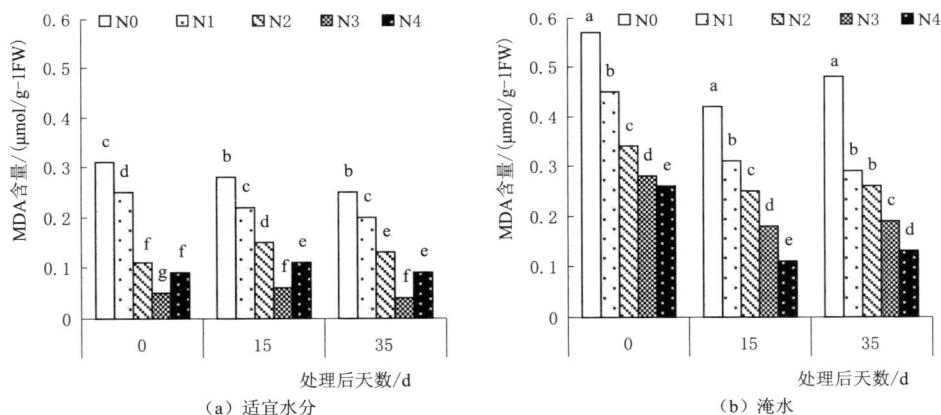

图 11.2　不同处理对春玉米叶片丙二醛（MDA）含量的影响

11.4　不同处理对春玉米叶片光合参数的影响

由表 11.2 可知，在任一施氮水平下，第 0d、15d 和 35d，与适宜水分相比，拔节期淹水处理下植株叶片 P_n、T_r 和 G_s 显著降低。适宜水分下，P_n、T_r 和 G_s 在 N0～N3 处理间随着施氮水平的提高均呈增加的趋势；当施氮水平提高至 N4 处理时，P_n、T_r 和 G_s（除第 15d 的 P_n 外）反而明显降低。淹水条件下，P_n、T_r 和 G_s 在 N0～N4 处理间随着施氮水平的提高呈增加的趋势。其中，第 35d 的 P_n、G_s 与第 15d 的 T_r 在 N3 与 N4 处理之间差异显著。说明拔节期淹水胁迫下，增施氮肥可改善春玉米的光合作用。

表 11.2　　　　　　　　　不同处理对春玉米叶片 P_n、T_r 和 G_s 的影响

水分水平	氮素水平	P_n /[μmol CO_2/($m^2 \cdot s$)]			T_r /[mmol/($m^2 \cdot s$)]			G_s /[mmol/($m^2 \cdot s$)]		
		处理后天数/d			处理后天数/d			处理后天数/d		
		0	15	35	0	15	35	0	15	35
适宜水分	N0	14.4c	11.5d	15.6d	3.4c	4.6d	4.8c	112e	132d	150e
	N1	15.6c	20.6c	23.5c	3.5c	5.4c	6.1b	164c	170c	198c
	N2	21.5b	24.8b	27.8b	6.8a	7.8b	6.7b	182b	197b	211b
	N3	24.6a	30.1a	32.1a	7.1a	8.3a	8.9a	287a	300a	313a
	N4	21.2b	29.4a	27.7b	4.6b	7.4b	7.1b	190b	210b	215b
淹水	N0	5.7f	8.3e	10.0e	1.5f	3.2e	3.5e	76f	104e	110f
	N1	9.2e	12.4d	16.8d	1.9e	3.3d	4.1d	102e	143d	142e
	N2	11.4d	17.6cd	19.2d	2.6d	4.1d	4.8c	133d	168c	176d
	N3	14.6c	20.4c	23.5c	4.5d	4.5d	5.9b	168c	195b	195c
	N4	14.8c	20.6c	27.1b	5.1b	5.6b	6.8b	170c	207b	216b

11.5　不同处理对春玉米籽粒产量的影响

由图 11.3 可知，在任一施氮水平下，与适宜水分相比，拔节期淹水处理使春玉米籽粒产量显著减少。适宜水分下，籽粒产量表现为 N3 处理＞N2 与 N4 处理＞N0 与 N1 处理。淹水条件下，籽粒产量表现为：N3 与 N4 处理＞N2 处理＞N1 处理＞N0 处理。具体而言，与 N0 处理相比，适宜水分下 N1、N2、N3 与 N4 处理的产量分别增加 8.63%、23.91%、42.92% 和 29.95%；淹水条件下相应值分别增加 20.21%、31.86%、52.55% 和 57.03%。可见，拔节期淹水胁迫下施氮量为 270~360kg N/hm² 有利于提高春玉米的产量。

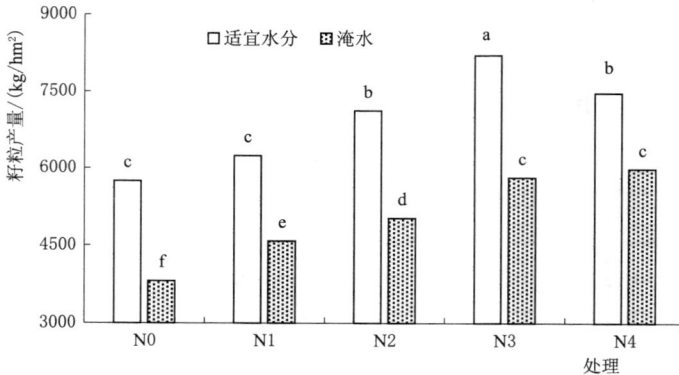

图 11.3　不同处理对春玉米籽粒产量的影响

11.6　讨论

　　SOD、POD 和 CAT 是植物活性氧（ROS）代谢过程中的三种关键酶。SOD 可以催化过氧阴离子（O_2^-）发生歧化反应，转化成 H_2O_2 和 O_2，CAT 和 POD 则能代谢 H_2O_2（Ahmed et al.，2002）。较高的 SOD、POD 和 CAT 活性有利于提高植物对低氧胁迫的抵抗力。本研究表明，与适宜水分相比，淹水条件下各施氮处理春玉米叶片的 SOD、POD 和 CAT 活性均有不同程度的降低（表 11.1），这与前人的研究结果相一致（郭文琦，2009）。此外，施氮量影响 POD、SOD 和 CAT 活性。本研究发现，两种水分管理下，施氮处理的 SOD、POD 和 CAT 活性均显著高于未施氮处理的相应值（表 11.1），这与 Zhang et al.（2007）的研究结果相一致。因为氮素是关键的植物营养物质和信号分子，控制着植物代谢和发育的各个方面。研究还发现，适宜水分下 SOD、POD、CAT 活性随着施氮量的增加，在 N3 处理时达到最大；而在淹水条件下，三种酶活性在 N4 处理时达到最高（第 0d 的 SOD 活性除外），这可能与不同处理下土壤氮的差异有关。有研究表明，在淹水胁迫几天后，土壤中绝大多数的有效氮通过淋溶和反硝化作用流失，使土壤含氮量大幅降低（Meyer et al.，1987），本试验的淹水条件下春玉米叶片的 $SPAD$ 值显著低于正常供水条件下植株的 $SPAD$ 值（图 11.1）证实了这一点。叶片 $SPAD$ 值被用于衡量叶片相对叶绿素含量。因此，适当增加氮素供应有利于提高淹水胁迫植株体内的 POD、SOD 和 CAT 活性。此外，适宜水分下，施氮水平提至 N4 处理时 CAT 活性降低可能会使 H_2O_2 含量增加，导致膜质氧化作用遭到破坏（郭文琦，2009）。因此，N4 处理时 P_n、T_r、G_s 明显下降（表 11.2）。

　　有研究表明，涝胁迫会增加植物体内活性氧的形成，并通过脂质过氧化作用影响植物细胞膜的稳定性（Garnczarska et al.，2004）。本研究表明，多数情况下，与适宜水分相比，拔节期淹水使春玉米 MDA 含量增加（图 11.2），说明植物细胞膜受到了损伤。然而，淹水条件下 N4 处理的叶片 MDA 含量低，说明拔节期淹水条件下施氮量为 360kg N/hm² 利于减缓玉米叶片的脂质过氧化作用。在淹水条件下，与第 0d 相比，第 35d 时 N0、N1、N2、N3 和 N4 处理的 MDA 含量分别下降 15.79%、35.56%、23.53%、32.14% 和 50.00%（图 11.2），说明提高施氮水平对恢复拔节期淹水玉米叶片细胞膜的稳定性起促进作用。

　　本书研究表明，与适宜水分相比，拔节期淹水处理显著降低 P_n、T_r 和 G_s（表 11.2），这与前人的研究结果相一致（Zhang et al.，2007；Men et al.，2020）。这是因为渍水胁迫降低叶片水势和光合酶活性（Huang et al.，1994），使脱落酸增加，进一步导致乙烯含量减少（Ahmed et al.，2006）。就施氮量而言，本书研究中，淹水条件下随着施氮量增至 N4 处理时，P_n 在逐渐增加（表11.2）。可能的原因是：N4 处理下 POD 和 CAT 活性较高，有利于维持植物生理保护功能中氧自由基和水分的代谢平衡（杨淑琴 等，2015）；而且有研究表明，淹水条件下增施氮肥可以降低植物体内脱落酸的含量，增加吲哚乙酸、赤霉素和玉米素核苷的含量，从而提高叶片光合作用（郭文琦，2009）。此外，适量增施氮肥使淹水后作物的根系活力增加，根系活力与光合速率呈正相关关系。

前人研究表明，增施氮肥有利于促进淹水胁迫下玉米（Tian et al.，2021）、冬油菜（刘波 等，2017）和棉花（郭文琦，2009）的生长并提高经济产量。与之相一致，本研究中淹水条件下 N3 与 N4 处理使 POD、SOD 和 CAT 活性和 P_n、T_r、G_s 增加（表 11.1 和表 11.2），并获得最高籽粒产量（图 11.3）。但也有研究表明，冬小麦在涝条件下增施氮肥反而使 P_n 降低，降低籽粒产量（Jiang et al.2008）；长期淹水（21d）条件下，增施氮肥对玉米的净光合速率没有影响（Ashraf et al.，1999）。这是因为作物在不同生长阶段对涝的反应是不同的（Zaidi et al.，2004）。在小麦试验中，渍水胁迫发生在花后，此时作物对氮的需求量相对较低。Zaidi et al.（2007）玉米试验中长期淹水可能导致作物死亡，增施氮肥并不能缓解作物受过度渍害造成的不良影响。本研究中，玉米在拔节期被持续淹水 6d，此后玉米的生长进入旺盛时期，对氮素需求量迅速上升。同时，渍水胁迫使大量土壤硝态淋失到根系分布层以外（Meyer et al.，1987）。可见，施氮量对植物耐渍性的影响与受淹时间及作物受淹时对氮素的需要量有关。

11.7　小结

与适宜水分供应相比，拔节期淹水胁迫降低春玉米叶片 $SPAD$ 值，SOD、POD 和 CAT 活性，P_n、T_r 和 G_s 等指标。多数情况下，在拔节期淹水胁迫下上述指标随着施氮量的提高而增加，在施氮量为 $270\sim360\text{kg N/hm}^2$ 达到最大；在适宜水分条件下，上述指标随施氮量提高而增加，在施氮量为 270kg N/hm^2 达到最大，在施氮量为 360kg N/hm^2 反而下降（$SPAD$ 值除外）。不同处理间叶片 MDA 含量表现与之相反。拔节期淹水下施氮量为 $270\sim360\text{kg N/hm}^2$ 提高 SOD、POD 和 CAT 活性，P_n、T_r、G_s 和 $SPAD$ 值，降低 MDA 含量，从而使玉米籽粒产量增加。可见，施氮量为 $270\sim360\text{kg N/hm}^2$ 有利于改善拔节期淹水胁迫下玉米抗氧化酶活性和光合参数、减缓膜质氧化作用，进而提高了玉米产量。

第 12 章

拔节期淹水条件下施氮量对玉米干物质积累和氮素吸收利用的影响

随着二氧化碳（CO_2）、氧化亚氮（N_2O）、甲烷（CH_4）等主要温室气体的持续增加，全球气候变暖，导致洪涝灾害的发生频率及强度不断增加，对农业可持续生产构成重大威胁。有研究表明，植物受涝胁迫后，其根系生长、地上部分生长速率、干物质积累量和养分吸收量都会降低（Ren et al.，2016；Ren et al.，2017；Tian et al.，2021）。此外，涝胁迫导致作物根系活力、叶片气孔开度、叶绿素量和净光合速率降低，随着涝胁迫程度的增加，抑制程度增大（周新国 等，2014）。同时，涝胁迫破坏植物体内活性氧（ROS）代谢系统的平衡，使抗氧化酶活性、谷氨酰胺合成酶、硝酸还原酶活性和可溶性蛋白含量降低，表现为叶片的衰老加剧（Men et al.，2020；Ren et al.，2020）。

随着植物抗逆生理生化机制研究的逐渐深入，氮素在调节作物抗逆中的作用引起人们的重视。因此，研究氮肥管理调控多雨地区作物生长的生理生化机制，对提高作物的抗渍性和稳定其产量具有重要意义。轻度或中度涝胁迫条件下，适量增施氮肥可以提高棉花、油菜和玉米对涝胁迫的适应能力，表现为改善抗氧化酶活性、光合性能和叶绿素量（郭文琦，2009），提高产量和吸氮量。丁大伟等（2019）研究表明，夏玉米淹水后追施氮、磷肥可显著促进玉米干物质的积累，降低淹水胁迫对玉米生长和产量的不利影响。但也有研究指出，增施氮肥降低了受涝胁迫小麦的 P_n，同时也降低了营养器官花前储藏物质、氮素的总运转量和运转率，以及千粒质量和籽粒氮素累积量，导致产量降低（Jiang et al.，2008）。此外，同一施氮水平下，氮肥后移较常规施氮提高苗期涝胁迫下玉米的 P_n 和氮素累积量，保证其生育后期氮素的供应量，提高干物质累积量和氮素利用效率（Wu et al.，2018）。说明涝胁迫下施氮对作物生物量和氮素利用的影响还存在分歧，除施氮水平外，施氮时间也对作物的抗渍性产生显著影响。玉米是一种耗水量大但耐涝性差的作物，而且其在不同生育期内对涝胁迫的敏感程度明显不同（Zaidi et al.，2004）。拔节期是玉米生长发育过程中重要的生育期之一，持续时间约 1 个月。此阶段的水分胁迫对玉米的生长发育和产量形成有显著影响（周新国 等，2014）。

我国黄淮海和南方玉米区玉米生长季内常遭受涝等非生物逆境胁迫。玉米对氮肥的吸收和干物质积累直接影响群体发育和产量形成，研究玉米干物质积累分配和氮素吸收利用规律，对稳定和提高玉米产量具有重要意义。

12.1 不同处理对玉米叶片 *SPAD* 值的影响

由表 12.1 可知，在所有施氮水平下，与 CS 处理相比，YS 处理均降低了玉米叶片的 *SPAD* 值。在 CS 处理和 YS 处理下，施氮处理的 *SPAD* 值较 N0 处理显著增大，说明不施氮处理显著降低 *SPAD* 值。CS 处理下不同施氮水平之间玉米叶片的 *SPAD* 值变化不明显。YS 处理下，监测时期内叶片 *SPAD* 值随着施氮水平的提高而增加。这表明增施氮肥有利于增加淹水条件下玉米叶片的 *SPAD* 值。

表 12.1 不同处理的玉米叶片 *SPAD* 值

处 理		淹水结束后天数/d								
		0	7	14	22	34	41	50	59	65
CS	N0	30.5c	35.6e	34.6d	35.4d	34.5e	34.1e	28.6e	25.7d	20.2e
	N1	45.8ab	48.7a	48.7ab	48.9bc	50.2c	45.6c	37.6cd	33.6c	30.2c
	N2	46.7ab	50.1ab	52.4ab	54.3b	52.4bc	48.4bc	40.25c	32.5c	30.5c
	N3	48.7a	52.6a	57.8a	58.9a	58.4a	53.6a	49.8ab	38.7b	34.6b
	N4	50.1a	54.8a	61.2a	60.2a	62.1a	55.5a	54.8a	46.3a	41.2a
YS	N0	24.8d	28.9f	28.2e	31.5e	28.2f	27.8f	24.5f	20.5f	14.8f
	N1	32.7c	40.2d	42.5c	42.5c	45.2d	40.2d	32.5d	23.5e	19.8e
	N2	34.9c	43.7c	46.8bc	47.8bc	50.7c	45.0c	35.8c	26.9d	25.4d
	N3	40.1bc	45.9bc	48.7bc	52.6b	52.3bc	48.2bc	44.5b	30.6c	27.6cd
	N4	43.8b	50.2b	50.4b	56.7ab	54.8b	50.4b	48.7ab	35.8b	30.1c

注 同列数字后不同字母表示差异性达 0.05 显著水平，下同。

12.2 不同处理对玉米干物质积累分配和收获指数的影响

由表 12.2 可知，成熟期各器官的干物质积累量均表现为：籽粒＞茎＞穗＞叶＞苞叶。在任一施氮水平下，与正常供水（CS）相比，淹水（YS）条件下茎、叶和穗的干物质积累量均明显减少。不同处理间茎、籽粒和总干物质积累量均表现为：在两种水分管理条件下，从 N0 到 N3 处理，随着施氮量增加明显增加，在 N4 处理下保持稳定。就总干物质积累量而言，与 N0 处理相比，N1～N4 处理的总干物质积累量在 CS 处理下增加 4.73%～17.72%，在 YS 处理下增加 6.52%～21.62%。这说明 YS 处理下总干物质积累量随施氮量增加而增加的幅度更大。苞叶的干物质积累量在不同处理间变化不明显。在任一施氮水平下，与 CS 处理相比，YS 处理均会显著降低玉米的收获指数。不同的是，CS 处理下收获指数表现为：N3、N2 处理＞N4、N1 处理＞N0 处理；YS 处理下收获指数表现为：N3、N4 处理＞N2、N1 处理＞N0 处理。这表明高氮（施氮量为 270～360kg/hm² ）处理有利于促进拔节期淹水胁迫下玉米干物质的积累，并提高收获指数。

表 12.2　　　　　　　　成熟期不同处理下玉米干物质分配和收获指数

处理		干物质/(g/株)					总干物质积累量/(g/株)	收获指数/%
		茎	叶	苞叶积累量	穗	籽粒		
CS	N0	48.5d	25.4d	16.4a	45.8e	115.6e	251.7d	43.2c
	N1	49.2c	26.4c	16.8a	47.1d	124.1d	263.6c	46.5b
	N2	52.8b	27.9b	17.1a	48.8c	135.2d	281.8b	48.3a
	N3	54.7a	28.1b	17.2a	50.0b	145.1a	295.1a	49.4a
	N4	54.4a	29.4a	17.1a	51.2a	144.2ab	296.3a	48.0b
YS	N0	47.1e	24.4e	15.7b	43.2g	104.1f	234.5e	38.2d
	N1	48.2d	25.4d	16.3a	44.2f	115.7e	249.8d	42.1c
	N2	50.4c	26.2c	16.5a	45.4e	121.5d	260.0c	43.4c
	N3	52.4b	27.1c	16.8a	47.5d	137.8b	281.6b	45.4b
	N4	52.8b	28.1b	16.9a	49.2c	138.2c	285.2b	45.8b

12.3　不同处理对玉米氮素转移的影响

由表 12.3 可知，与 CS 处理相比，YS 处理显著降低施氮量在 N0～N3 处理之间茎、叶和穗的氮素转运量；而 YS 处理下施氮量在 N4 处理叶的氮素转运量显著增加，茎和穗的氮素转运量差异不显著。茎、叶和穗的氮素转运量在 CS 处理下随着施氮量的增加先增加，在 N3 处理达到最大，在 N4 处理维持不变；而在 YS 处理下随着施氮量的增加而持续增加，在 N4 处理达到最大值。这说明拔节期淹水胁迫下，高氮供应水平有利于提高玉米氮素的转运量。

与 CS 处理相比，YS 处理显著降低施氮量在 N0～N2 处理之间茎、叶和穗的氮素转运率和转运贡献率；但 YS 处理显著提高 N3～N4 处理之间茎、叶和穗的氮素转运率和转运贡献率。茎、叶和穗的氮素转运率和转运贡献率在 CS 处理下随着施氮量的增加而减少；而在 YS 处理下随着施氮量的增加先增加，在 N3 处理达到最大，随后减少。不同处理间氮素吸收贡献率的表现与氮素转运贡献率相反。这说明拔节期淹水胁迫下，适当增施氮肥有利于提高玉米氮素的转运贡献率，但会降低其吸收贡献率。

表 12.3 　　　　　　　　　 **不同处理下玉米氮素转运量及转运率**

处理		营养器官氮素转运量/(g/株)			营养器官氮素转运率/%			转运贡献率 /%	吸收贡献率 /%
		茎	叶	穗	茎	叶	穗		
CS	N0	0.21c	1.32d	0.48d	9.12a	50.12a	57.78a	68.87±4.27a	31.13±1.42e
	N1	0.29b	1.62c	0.62c	8.14ab	47.10b	54.21b	65.04±5.38ab	34.96±1.37d
	N2	0.34a	1.82b	0.73b	8.21ab	46.94b	53.21b	64.54±4.35ab	35.46±2.48d
	N3	0.35a	1.94a	0.79a	6.89c	41.10d	45.66d	48.35±3.47c	51.65±2.31c
	N4	0.35a	1.84b	0.72b	5.14d	40.01d	42.31e	44.38±2.78d	55.62±3.10b
YS	N0	0.15d	1.01e	0.28f	7.23c	35.15e	44.21d	39.26±1.95e	60.74±2.78a
	N1	0.20c	1.29d	0.46d	8.52a	40.23d	50.14c	44.25±2.10d	55.75±4.10b
	N2	0.26b	1.39cd	0.52d	9.21a	43.44d	52.15b	48.21±3.30c	51.79±2.13c
	N3	0.31ab	1.81b	0.71b	9.43a	47.13b	53.24b	51.13±2.40c	48.87±3.15cd
	N4	0.32ab	1.90a	0.75b	8.36ab	45.32c	46.21d	50.12±3.78b	49.88±4.27c

注 　转运量为同一器官抽丝期的吸氮量与成熟期该吸氮量的差值；营养器官的氮素转运率为该器官氮素转运量与其抽丝期吸氮量的百分数；转运贡献率为氮素转移量占籽粒氮素总量的百分数；吸收贡献率为氮素吸收量占籽粒氮素总量的百分数。

12.4 　不同处理对玉米氮素吸收利用的影响

由表 12.4 可知，任一施氮水平下，与 CS 处理相比，YS 处理显著降低玉米的吸氮量、氮收获指数和氮素利用效率。CS 处理下，施氮量在 N0～N3 处理之间玉米的吸氮量、氮收获指数和氮素利用效率随着施氮量的增加而增加，随后在 N4 处理吸氮量保持稳定，而 N4 处理的氮收获指数和氮素利用效率较 N3 处理显著降低。YS 处理下，施氮量在 N0～N4 处理之间玉米的吸氮量和氮收获指数随着施氮量的增加而增加。这说明拔节期淹水胁迫下，增施氮肥有利于促进玉米对氮素的吸收，并使吸收的氮更多地分配给籽粒，从而获得较高的氮素利用效率。

与 CS 处理相比，YS 处理显著降低任一施氮水平下玉米的氮肥偏生产力和氮肥农学利用效率。在两种水分管理下，氮肥偏生产力均随着施氮量的增加而减少；但较 CS 处理，YS 处理的氮肥偏生产力的降幅减少。特别是，当施氮量从 N3 处理增加到 N4 处理时，CS 处理的氮肥偏生产力显著降低（下降 22.7%），而对应 YS 处理的值无显著差异（下降 4.2%）。氮肥农学利用效率在 N0～N3 处理之间随着施氮量的增加而增加，随后在 N4 处理减少。这说明拔节期淹水胁迫下适当增施氮肥提高玉米的氮肥农学利用率，但会降低其氮肥偏生产力。

表 12.4 不同处理下玉米氮素的吸收利用

处理		吸氮量/(kg/hm^2)	氮收获指数/%	氮肥偏生产力/(kg/kg)	氮肥农学利用率/(kg/kg)	氮素利用效率/(kg/kg)
CS	N0	145.3±3.2c	51.0±2.1d	—	—	33.6±1.2d
	N1	160.4±4.1bc	62.0±1.8c	69.4±3.4a	5.5±0.3c	36.7±1.4c
	N2	172.3±5.7b	64.3±3.2ab	39.6±4.1b	7.6±0.2b	41.4±2.1b
	N3	183.4±3.4a	65.7±1.9a	30.4±1.8c	9.1±0.4a	46.9±1.2a
	N4	185.7±5.9a	64.1±2.5ab	23.5±2.2d	7.6±0.5b	45.8±2.7ab
YS	N0	98.8±2.7f	43.2±3.1e	—	—	30.1±2.9e
	N1	121.4±4.8e	52.3±4.2d	50.8±4.4b	4.6±0.2d	33.9±3.0d
	N2	132.4±5.0d	58.4±2.2cd	29.9±1.5c	6.7±0.3c	36.9±1.5c
	N3	141.3±4.5c	60.2±3.3c	21.5±2.3d	7.4±0.4b	41.2±1.6b
	N4	163.2±5.1b	61.7±2.7c	20.6±1.8de	6.0±0.3c	42.1±1.9b

12.5 讨论

　　植物的生长发育与生长环境因素息息相关，涝胁迫会对植物产生影响。叶绿素是植物进行光合作用最重要的光合色素之一，叶绿素含量的高低可反映出光合能力的强弱（陈红琳 等，2017）。研究表明，淹水胁迫会降低作物叶绿素含量抑制作物生物量积累（Smethurst et al.，2005）。与此相一致，本书研究表明，淹水处理显著降低监测时期 SPAD 值（表 12.1）和成熟期植株干物质积累量（表 12.2）。这是因为渍水引起植物根系缺氧，造成活性氧大量积累，导致叶绿体结构被破坏，造成叶绿素含量降低，从而抑制了光合作用（李玲 等，2011）。研究还发现，YS 处理下玉米叶片的 SPAD 值随着施氮量的增加而增大（表 12.1）。氮素是叶绿体的主要成分，土壤氮素含量对植物叶绿素含量的高低起决定性作用。前人研究证实，淹水胁迫 5d 造成土壤中绝大多数的速效氮通过淋溶和反硝化作用损失（Meyer et al.，1987）。因此，增加氮素供应量有利于提高淹水胁迫植株体内的叶绿素含量。然而，即使高氮处理（N4 处理）下，乳熟期（淹水结束后第 65d）淹水处理的 $SPAD$ 值（表 12.1）也很难恢复到正常灌水水平。说明拔节期渍水 6d 可能导致玉米叶绿体结构遭到严重破坏，使光合色素的合成不易恢复至正常供水状态。

干物质和养分的积累是作物产量形成的前提，养分吸收是干物质形成和累积的基础（宋海星 等，2003）。叶面积指数是群体物质生产的关键。籽粒干物质主要由来自吐丝后的光合作用和花前储藏在营养器官的碳水化合物的再转运构成（武文明 等，2011）。淹水胁迫使植株叶片气孔关闭，蒸腾速率下降，CO_2 扩散的气孔阻力增加，降低光合速率和叶面积指数（Tian et al.，2021）；随着渍水时间的延长，羧化酶活性逐渐降低，PSII 光化学效率下降，加速叶片的早衰和脱落，从而抑制干物质积累和向籽粒的转运。与上述研究结果相一致，本研究发现 YS 处理显著降低玉米的干物质积累量和收获指数（表 12.2）。本书研究还发现，与 CS 处理相比，YS 处理下总干物质积累量随施氮量增加而增加的幅度更大（表 12.2）；这是因为淹水胁迫后增加氮肥供应可以提高土壤中矿质态氮含量，增加根部的细胞分裂素合成和向叶的运输，使渍水胁迫植株的叶绿素含量（表 12.1）、抗氧化酶活性、净光合速率和叶面积指数增加，进而提高吐丝后干物质的积累量。这与梁鹏等（2020）关于小麦的研究结果一致。

淹水胁迫显著影响植物养分积累与分配。氮素对玉米器官建成具有重要作用。玉米对氮肥较为敏感，施氮后增产效果明显。合理的水氮供应能增加植株氮素积累，促进叶片等营养器官的花前储藏氮素向籽粒转移，增加籽粒全氮量。有研究表明，合理施氮在玉米增产中发挥着重要作用，因此了解氮素吸收积累特性可为合理施用氮肥提供科学依据（武文明 等，2011）。本书研究发现，与 CS 处理相比，YS 处理显著降低 N0～N3 处理玉米茎、叶和穗的氮素转运量（表 12.3）及其吸氮量、氮收获指数和氮素利用效率（表 12.4）。这是因为渍水下土壤氮素以硝态氮形式淋溶至土壤深处，土壤中可供利用的矿质态氮浓度降低，厌氧环境进一步加剧根系生长受阻（丁大伟 等，2019），根系吸收养分的能力和可供吸收利用的养分数量减少（Ren et al.，2017）。氮营养不足导致穗叶叶肉细胞叶绿体结构性差、细胞碳水化合物积累少、营养体氮素再分配比率失衡（何萍 等，1998）。本研究还发现，YS 处理下玉米茎、叶和穗的氮素转运量、植株吸氮量和氮收获指数随着施氮量的增加而增加，而氮素转运率先增加后减少（N3 处理最大）；特别是，N4 处理的氮素转运贡献率和氮素吸收贡献率最接近（各占 50％左右）且获得最高的氮素利用效率。说明增施氮肥不仅有利于维持拔节期淹水玉米植株、特别是籽粒拥有较高的氮素积累，而且有利于生育后期氮素优先供应给营养器官，以便更好地利用光能，从而提高氮素利用效率。

氮肥偏生产力是表征氮肥利用效率的重要指标。本书研究发现，任一水分处理下，氮肥偏生产力随着施氮量的增加而降低（表 12.4），这与李强等

（2019）的研究结果一致。说明过量增施氮肥导致增产效率下降。然而，与 CS 处理相比，YS 处理下氮肥偏生产力随施氮量增加而下降的幅度减少（表 12.4）；特别是，当施氮量从 N3 处理增加到 N4 处理时，CS 处理和 YS 处理的氮肥偏生产力分别降低 22.7% 和 4.2%。说明淹水处理下增施氮肥产生的增产效益较高。然而，YS 处理下 N4 处理的氮肥农学利用率较 N3 处理的值显著降低（表 12.4），说明淹水处理下增施氮肥增加了氮素损失的风险，可能造成农业资源的浪费和环境污染问题。

本试验地区气候条件特殊，春玉米生长期内经常遭受涝灾害。众所周知，降水或灌水过多会造成大量氮素以硝态氮形式淋溶到土壤深处，且玉米前期生长较慢，对氮肥等养分的需求量少。因此，淹水胁迫下施氮量与不同基追比互作如何影响作物的干物质积累和氮素吸收利用有待进一步研究。

12.6   小结

（1）拔节期淹水降低玉米的叶绿素含量、干物质和氮素积累量、营养器官氮素转运量、收获指数、氮收获指数、氮肥偏生产力、氮肥利用效率和氮素吸收利用效率。

（2）增施氮肥有利于提高拔节期淹水胁迫下玉米干物质积累量和吸氮量、营养器官氮素转运量、收获指数、氮收获指数和氮素吸收利用效率（增加 5.2%～41.8%），但高氮处理降低氮肥偏生产力和氮肥农学利用效率。

综上，增施氮肥有利于提高拔节期淹水胁迫下玉米的干物质积累量和吸氮量及二者向籽粒分配的比率，但也增加了土壤氮素损失的风险。

第 13 章

结 论 与 建 议

13.1　主要结论

　　针对交替隔沟灌溉技术（APRI）取得明显节水效益，但是 APRI 下水氮高效耦合问题较少受到关注的现状，本书以玉米为研究对象，采用田间小区试验的方法，在相同灌水量和施氮量条件下，研究了不同灌水施氮方式下作物叶片衰老特性、地上部分干物质积累、产量形成、水分利用效率（WUE）、根系生长分布、对氮素吸收及利用、肥料氮去向等的响应。进一步地，研究了 APRI 下灌水下限和施氮水平对作物生长、籽粒产量及其构成、氮素利用效率（NUE）和 WUE 的影响。同时，在对不同灌溉制度下作物耗水规律、作物系数、籽粒产量和 WUE 系统研究的基础上，构建了 APRI 下作物水分生产函数，初步确定了APRI 下适宜的灌溉制度。针对气候变暖背景下，涝灾害多发频发问题，研究了拔节期淹水胁迫下施氮量对玉米生长、叶片衰老特性、产量及氮素利用的影响。取得以下主要结论：

　　（1）研究了灌水施氮方式对玉米干物质积累、产量和水分利用的影响，分析了干物质积累上限值对灌水施氮方式的响应，探明了适宜的灌水施氮方式可提高作物的水分利用效率。

　　玉米的干物质积累符合 Logistic 方程：$X = K/1 + a\mathrm{e}^{-bt}$。最大干物质积累上限 K 值表现为：任一灌水方式下，交替施氮（AN）与均匀施氮（CN）大于固定施氮（FN）；任一施氮方式下，交替隔沟灌溉（AI）最大，均匀隔沟灌溉（CI）次之，固定隔沟灌溉（FI）最小。交替隔沟灌溉均匀施氮（AC）和交替隔沟灌溉交替施氮水氮同区（AAT）的 K 值最大，固定隔沟灌溉固定施氮水氮同区（FFT）和固定隔沟灌溉固定施氮水氮异区（FFY）的 K 值最小。与其他灌水施氮方式相比，AC、AAT 和交替隔沟灌溉交替施氮水氮异区（AAY）使籽粒干物质积累量所占总干物质积累量的比例明显提高。不同灌水施氮方式下作物的穗数、籽粒产量、收获指数和 *WUE* 的表现与 *K* 值类似。因而，交替隔沟灌溉交替施氮（水氮同区）或交替隔沟灌溉均匀施氮有利于提高玉米的水分利用效率。

（2）研究了灌水施氮方式对玉米不同生育期植株南、北两侧及植株下方不同位置及 0～100cm 各土层（20cm 为一层）土壤水分及土壤 $NO_3^- - N$ 含量的影响，揭示了不同灌水施氮方式下土壤水分及土壤 $NO_3^- - N$ 的时空分布规律。

灌浆期，玉米植株南、北两侧较植株下方，0～40cm 土层较 40～100cm 土层的土壤水分和土壤 $NO_3^- - N$ 受灌水施氮方式影响更大。而且，土壤水分受灌水方式的影响更大；而土壤 $NO_3^- - N$ 受施氮方式的影响更大。

多数监测时期，当灌水方式相同时，植株南、北两侧灌水前的土壤水含量只受施氮方式的影响。CN 与 AN 下植株南、北两侧的土壤含水量相近。CI 下，FN 处理植株南侧（施氮侧）的土壤含水量较植株北侧（未施氮侧）增大。说明交替施氮与均匀施氮有利于维持土壤水分分布的均匀性。

灌浆期，灌水方式和施氮方式对土壤 $NO_3^- - N$ 的分布有显著的交互作用。土壤 $NO_3^- - N$ 的不均匀性与施氮方式密切相关，而土壤 $NO_3^- - N$ 的迁移动态取决于不同灌水方式下的土壤水分运动状况以及施氮时期、施氮量等。多数监测时期，与均匀隔沟灌溉均匀施氮（CC）相比，AI 处理配合 FN 或 AN 处理（水氮异区）使土壤 $NO_3^- - N$ 含量在 0～40cm 土层的施氮侧增加，FFT 处理使施氮侧的土壤 $NO_3^- - N$ 明显下移。AC、AAT 和 AAY 处理有利于土壤 $NO_3^- - N$ 在较长时间内维持在 0～40cm 土层。

（3）探明了不同灌水施氮方式下玉米根系的时空分布动态，构建了根系建成参数与籽粒产量间关系的指数模型和多项式模型。

灌浆期，植株下方较植株南、北两侧，0～40cm 土层较 40～100cm 土层的根系生长受灌水施氮方式影响更大。而且，较施氮方式、灌水方式和施氮方式交互作用，根系生长受灌水方式影响更大。多数情况下，0～40cm 土层，AI 或 CI 结合 AN 或 CN 时，植株南、北两侧的根系分布相对均匀，而 FI 或 FN 下灌水或施氮侧的根系大于未灌水或施氮侧。任一施氮方式下，AI 较 CI 和 FI 增加植株下的根长密度；任一灌水方式下，FN 显著减少植株下的根长密度。根长密度随土层深度呈指数下降：$RLD = \alpha \exp(-\beta z)$，AAT、AAY 和 AC 处理下的 α 和 β 值最大。当施氮方式相同时，与 AI 和 CI 处理相比，FI 处理减少植株下和非灌水侧的根长密度；当灌水方式相同时，与 AN 与 CN 处理相比，FN 处理减少植株下和非施氮侧的根长密度。AC、AAT 和 AAY 处理下 0～100cm 土层的总根量（总根长、总根干质量和总根表面积）最大，而 FFY 处理下总根量最小。可见，交替隔沟灌溉配合交替施氮或均匀施氮不但有利于作物根系分布均匀，而且促进 0～40cm 土层根系的生长。

玉米的籽粒产量 Y（kg/hm^2）与灌浆期 $0 \sim 40$cm 土层的根长密度 X_1（cm/cm^3）、根干质量密度 X_2（mg/cm^3）和根表面积密度 X_3（cm^2/cm^3）呈显著正相关。灌浆期 $0 \sim 40$cm 土层的根密度与籽粒产量的关系可表示为指数模型 $Y = 2102 X_1^{1.03} X_2^{0.92} X_3^{0.45}$ 和多项式模型 $Y = 2272.98 + 1937.21 X_1 + 3553.85 X_2 - 2581.76 X_1 X_2$。

（4）利用 ^{15}N 示踪技术，研究了灌水施氮方式对玉米氮素吸收及利用的影响，探明了不同灌水施氮方式下作物对肥料氮的利用及肥料氮的去向。

任一施氮方式下，与 CI 处理相比，AI 处理增加玉米对氮素的吸收量和 NUE；任一灌水方式下，与 CN 和 AN 处理相比，FN 处理减小吸氮量和 NUE。不同灌水施氮方式间成熟期 $0 \sim 100$cm 土层的土壤 $NO_3^- - N$ 残留量表现与吸氮量相反。AAT 和 AC 处理下作物的 NUE 最大、成熟期 $0 \sim 100$cm 土层的土壤 $NO_3^- - N$ 残留量最小。可见，交替隔沟灌溉交替施氮（水氮同区）或交替隔沟灌溉均匀施氮有利于提高玉米的氮素利用率，降低成熟期 $0 \sim 100$cm 土层的土壤 $NO_3^- - N$ 残留量。

当施氮方式相同时，与 CI 处理相比，AI 处理增加玉米对肥料氮的吸收；AI 处理下作物对肥料氮吸收率（$26.57\% \sim 29.01\%$）与其损失率（$25.78\% \sim 27.41\%$）相近，而 CI 处理下肥料氮的损失率（$34.37\% \sim 34.88\%$）明显大于其被作物的吸收率（$22.93\% \sim 23.78\%$）。同时，AI 处理下作物收获时 $0 \sim 100$cm 土层肥料氮的残留量明显增加。说明与传统隔沟灌溉相比，交替隔沟灌溉有利于促进玉米对肥料氮的吸收，减少 $0 \sim 100$cm 土层土壤中肥料氮的损失，增加玉米收获时 $0 \sim 100$cm 土层中土壤肥料氮的残留。

（5）明确不同灌水施氮模式下玉米叶片衰老特性。与 CICN 处理相比，CIAN 处理的值差异不显著。AICN 和 AIANS 处理显著提高玉米抽雄期及 35d 内的 LAI 和叶绿素含量，增幅分别为 $8.8\% \sim 20.1\%$ 和 $11.1\% \sim 28.4\%$。它们还显著提高抽雄期、灌浆期和乳熟期叶片的 SOD、POD 和 CAT 活性、可溶性蛋白含量和玉米行数、行粒数、穗粒数和千粒质量（$P < 0.05$），但显著降低抽雄期、灌浆期和乳熟期叶片的 MDA、可溶性糖和脯氨酸含量（$P < 0.05$）。AICN 和 AIANS 处理的籽粒产量较 CK 处理的值显著提高 13.7% 和 16.90%（$P < 0.05$）。上述指标在 AICN 与 AIANS 处理间差异不显著。可见，交替灌水均匀施氮和交替灌水交替施氮水氮协同供应利于提高玉米的叶面积指数和抗氧化酶活性，改善活性氧产生与清除之间的关系，从而使玉米产量增加。

（6）探明了 APRI 条件下玉米生长和产量形成对灌水下限和施氮水平的响应关系。与氮素亏缺（施氮量 100kg N/hm^2）相比，玉米株高、作物生长速率、茎粗和叶面积指数受水分亏缺（W1 处理）的影响更大。任一施氮水平下，与 W1 处理相比，W2 处理使上述指标明显增大；任一灌水下限下，与施氮量

100kg N/hm² 相比，施氮量 200kg N/hm² 使上述指标明显增大。W3 处理配合施氮量 200kg N/hm² 或 300kg N/hm² 获得最大的上述指标，不同灌水下限和施氮水平下玉米的生物量、籽粒产量、收获指数、穗数和穗粒数与其生长速率表现出类似的规律。可见，W3 处理配合施氮量 200kg N/hm² 或 300kg N/hm² 可以维持 APRI 下玉米地上部分的旺盛生长并获得最大籽粒产量。

灌水下限和施氮水平对玉米的生物量和籽粒产量有显著的交互作用。水或氮的亏缺对生物量和籽粒产量的不良效应可以通过增加氮或水的供应量进行补偿。但在 W1 处理下，一味地增加施氮量并不能使玉米的生物量和籽粒产量增加。说明在一定范围内，水肥用量间存在补偿效应；协调灌水下限和施氮水平才能提高 APRI 下玉米的产量和生物量。

（7）APRI 条件下，分析了不同灌水下限和施氮水平对玉米吸收水分和利用氮素的影响，探明了合适的灌水下限和施氮水平是 APRI 发挥节水效应和提高 NUE 的关键。

收获时土壤储水量和作物蒸发蒸腾量（ET）均随灌水下限的增大而增大，不同的是储水量随施氮量的增加而减小，而 ET 随施氮量的增加而增加。任一施氮水平下，WUE 表现为 W2＞W3＞W1；任一灌水下限下，施氮量 200kg N/hm² 和 300kg N/hm² 的 WUE 较 100kg N/hm² 增大。W2 处理配合施氮量 200kg N/hm² 或 300kg N/hm² 获得最大的 WUE。多数情况下，任一施氮水平下，作物的叶绿素含量（抽丝期）、吸氮量、NUE 在 W2 与 W3 之间相当，但较 W1 明显增大；任一灌水下限下，上述指标（除 NUE）在施氮量 200kg N/hm² 和 300kgN/hm² 之间相当，但较 100kg N/hm² 显著增大。NUE 随着施氮水平的增加而减小。收获后 0～100cm 土层土壤 $NO_3^- - N$ 残留量随施氮量的增加而增加，但随灌水下限的增加而减小。

以上结果表明，适宜的灌水下限和施氮水平是 APRI 发挥节水效应并提高氮素利用率的基础。W2 处理配合施氮量 200kg N/hm² 可以在维持作物籽粒产量的条件下，使 WUE 和 NUE 相对较高，且降低收获后 0～100cm 土层中土壤 $NO_3^- - N$ 残留量。

（8）研究了 APRI 下不同灌溉制度下玉米的耗水规律、作物系数 K_c、籽粒产量和 WUE，初步构建了 APRI 下玉米的水分生产函数，确定了适宜的灌溉制度。

玉米任一生育期亏水均使得耗水强度和作物系数 K_c 有所降低。充分供水（CK）条件下，玉米生长期的 K_c（0.86）和籽粒产量（6478kg/hm²）最大。与 CK 处理相比，苗期重度亏水、穗期中度亏水、穗期重度亏水、花粒期中度亏水和花粒期重度亏水的籽粒产量显著下降，降幅分别是 13.3%、15.5%、28.1%、14.1% 和 19.9%；而苗期中度亏水下籽粒产量与 CK 处理相当（降幅为 6.0％）。然而，苗期中度亏水下玉米生长期的耗水量最小（393mm），较 CK 处理下降 20.41％。可见，APRI 下苗期中度亏水在维持玉米籽粒产量的同时极大地减少作物的耗水量，明显提高玉米的水分利用效率。

基于 Jensen 模型，求得玉米在播种—拔节期、拔节—抽雄期、抽雄—灌浆期和灌浆—乳熟期对应的敏感指数分别为 0.03、0.72、0.60 和 0.13。可见，玉米拔节—抽雄期和抽雄—灌浆期对缺水的敏感程度远大于灌浆—乳熟期和播种—拔节期。

根据不同灌溉制度下玉米的耗水规律、籽粒产量、水分利用效率及阶段水分生产函数，得到 APRI 下玉米的经济灌溉定额为 2400m³/hm²。利用动态规划法确立了玉米的优化灌溉制度：拔节—抽雄期灌水 3 次，播种—拔节期、抽雄—灌浆期和灌浆—乳熟期各灌水 2 次。其中，拔节期前灌水定额采用 160m³/hm²，拔节—灌浆期灌水定额采用 330m³/hm²，灌浆—乳熟期灌水定额采用 160m³/hm²。

（9）探明拔节期淹水胁迫下施氮量调控玉米生长及产量的生理机制。

施氮量为 0～270kg N/hm²，拔节期淹水条件下施氮量增加时春玉米大喇叭口期至乳熟期叶面积指数（LAI）、株高、成熟期干物质积累量、穗长、穗行数、行粒数、千粒质量和籽粒产量均增加，施氮量进一步增加时上述指标增加有限。而秃尖长随施氮量的增加而减小。与正常供水相比，拔节期淹水下增施氮肥下 LAI、干物质积累量和籽粒产量的增幅增大。具体地，与不施氮相比，拔节期淹水下施氮量为 90kg N/hm²、180kg N/hm²、270kg N/hm² 和 360kg N/hm² 处理的春玉米产量分别增加 20.21％、31.86％、52.55％和 57.03％。

任一施氮水下，与 CS 处理相比，YS 处理显著降低拔节—乳熟期的玉米叶绿素 $SPAD$ 值，淹水结束后 0d、15d 和 35d 的 SOD、POD 和 CAT 活性、P_n、T_r、G_s 和籽粒产量。多数情况下，随着施氮量的增加，CS 处理下上述指标在 N0～N3 之间提高，在 N4 下反而下降（叶绿素 $SPAD$ 值除外）；YS 处理下上述指标均呈上升趋势，N3 与 N4 获得较高的玉米叶片抗氧化酶活性、光合参数和籽粒产量。叶片中丙二醛（MDA）含量的变化趋势则与之相反。

任一施氮水平下，与 CS 处理相比，YS 处理显著降低玉米叶片的 $SPAD$ 值、植株干物质和氮素积累量、营养器官氮素转运量、收获指数、氮收获指数和氮素吸收利用效率。随着施氮量的增加，YS 处理下植株干物质积累量、氮素积累量、营养器官氮素转运量、收获指数、氮收获指数和氮素利用效率增加 5.2％～41.8％，但氮肥偏生产力减少 41.1％～59.4％，氮肥农学利用率先增加后减少；N4 处理可以实现氮素转运贡献率和氮素吸收贡献率的协调，但降低氮肥农学利用率。

可见，增施氮肥有利于提高拔节期淹水胁迫下玉米的株高、叶面积、

$SPAD$ 值、干物质累积量和吸氮量，且增加二者向籽粒的分配比例，延缓玉米叶片衰老，从而提高玉米产量。

13.2　不足与局限性

由于 APRI 下不同灌水下限和施氮水平以及不同灌溉制度的试验只有一年数据，因此本书中得出的结论尚需进一步的田间试验来验证。对于用根钻法研究根系分布，尤其是在局部供应水肥条件下，误差可能较大，根系取样及观测方法有待进一步改进。不同灌水施氮方式下玉米叶片衰老特性试验在遮雨棚下进行，所得结果需要在大田试验下进一步验证。

13.3　进一步研究的建议

（1）对不同灌水施氮方式下的作物品质进行研究，进一步探讨水氮高效耦合模式。

（2）采用与盆栽试验相结合的办法，进一步研究不同灌水施氮方式对作物生理指标（如叶水势、ABA 浓度、木质部汁液浓度、光合速率、呼吸速率、蒸腾速率等）的影响，揭示水氮高效耦合模式的生理学机理。

（3）开展 APRI 下作物各生育期不同灌水下限对作物生长和产量的影响研究，进一步筛选出 APRI 下最优灌溉模式。

（4）开展 APRI 下不同灌溉制度对作物吸收氮素和氮素利用效率的影响研究，为 APRI 下通过灌溉制度提高作物氮素利用效率提供理论支持和技术指导。

（5）开展不同生育期涝水胁迫下氮肥运筹模式（综合施氮量、氮肥类型、施氮时间及方式）对玉米生长、产量和吸氮量的影响研究，探明涝水胁迫下玉米稳产增效的生理机制。

参 考 文 献

丛艳霞，赵明，黄志强，等，2008. 乙霉合剂对春玉米干物质积累和茎秆形态的调控［J］.
　作物杂志，（4）：68－71.

柴强，2010. 分根区灌溉技术的研究进展与展望［J］. 中国农业科技导报，12（1）：46－51.

蔡昆争，骆世明，段舜山，2003. 水稻根系根袋处理条件下对氮养分的反应［J］. 生态学报，
　23（6）：1109－1116.

陈国平，赵仕孝，杨洪友，1989. 玉米的涝害及其防御措施的研究：Ⅲ氮肥的用量对减轻涝
　害的作用［J］. 华北农学报，4（2）：26－31.

陈玉民，郭国双，王广兴，等，1995. 中国主要作物需水量与灌溉［M］. 北京：水利水电出
　版社.

陈传友，王春元，1999. 水资源与可持续发展［M］. 北京：中国科学技术出版社.

陈红琳，陈尚洪，郑盛华，等，2017. 增施氮素对苗期渍水胁迫冬油菜生理特性及产量的调
　控效应［J］. 土壤，49（3）：519－526.

成思危，胡清淮，刘敏，2000. 大型线性规划目标规划及其应用［M］. 郑州：河南科学技术
　出版社.

崔远来，李远华，顾炜，等，2002. 黄河流域典型灌区灌溉节水管理模型研究［J］. 中国农
　村水利水电，（4）：14－17.

蔡焕杰，康绍忠，张振华，等，2000. 作物调亏灌溉的适宜时间与调亏程度研究［J］. 农业
　工程学报，16（3）：24－27.

程铭慧，2019. 时空亏缺灌溉对玉米生长、生理特性及水分利用效率的影响［D］. 咸阳：西
　北农林科技大学.

戴明宏，陶洪斌，王利纳，等，2008. 不同氮肥管理对春玉米干物质生产、分配及转运的影
　响［J］. 华北农学报，23（1）：154－157.

董平国，王增丽，温光贵，等，2014. 不同灌溉制度对制种玉米产量和阶段耗水量的影响
　［J］. 排灌机械工程学报，32（9）：822－828.

段爱旺，肖俊夫，1999. 控制交替隔沟灌中灌水控制下限对玉米叶片水分利用效率的影响
　［J］. 作物学报，25（6）：766－771.

杜红霞，冯浩，吴普特，等，2013. 水、氮调控对夏玉米根系特性的影响［J］. 干旱地区农
　业研究，1（31）：189－100.

杜太生，2006. 干旱荒漠绿洲区作物根系分区交替灌溉的节水机理与模式研究［D］. 北京：
　中国农业大学.

杜太生，康绍忠，张建华，2007. 不同局部根区供水对棉花生长与水分利用过程的调控效应
　［J］. 中国农业科学，40（11）：2546－2555.

杜军，杨培岭，李云开，等，2011. 灌溉、施肥和浅水埋深对小麦产量和硝态氮淋溶损失的
　影响［J］. 农业工程学报，2011，27（2）：57－64.

丁大伟，雍蓓蓓，陈金平，2019. 追肥对受淹玉米生长和产量的恢复效应［J］. 灌溉排水学

报，38（12）：37-43.

樊小林，李玲，何文勤，等，1998. 氮肥、干旱胁迫、基因型差异对冬小麦吸氮量的效应 [J]. 植物营养与肥料报，4（2）：131-137.

范雪梅，戴廷波，姜东，等，2004，花后干旱与渍水下氮素供应对小麦碳氮运转的影响 [J]. 水土保持学报，（6）：63-67.

范雪梅，姜东，戴廷波，等，2005. 花后干旱和渍水下氮素供应对小麦籽粒蛋白质和淀粉积聚关键调控酶活性的影响 [J]. 中国农业科学，38（6）：1132-1141.

高明霞，王国栋，胡田田，等，2004. 不同灌溉方式下娄土玉米根际硝态氮的分布 [J]. 西北植物学报，24（5）：881-885.

高亚军，李生秀，李世清，等，2005. 施肥与灌水对硝态氮在土壤中残留的影响 [J]. 水土保持学报，19（6）：61-64.

龚道枝，康绍忠，佟玲，等，2004. 分根区交替灌溉对土壤水分分布和桃树根径流动态的影响 [J]. 水利学报，10：112-118.

郭庆发，2004. 中国玉米栽培学 [M]. 上海：上海科学技术出版社.

郭相平，康绍忠，索丽生，2001. 苗期调亏处理对玉米根系生长影响的试验研究 [J]. 灌溉排水，20（1）：25-27.

郭元裕，1986. 农田水利学 [M]. 北京：水利电力出版社.

郭元裕，李寿声，1994. 灌排工程最优规划与管理 [M]. 北京：水利电力出版社.

郭宗楼，1994. 灌溉水资源最优分配的 DP-DP 法 [J]. 水科学进展，5（4）：303-308.

郭文琦，2009. 花铃期渍水下氮素影响棉花（Gossyptum hirsutum L.）产量形成的生理机制研究 [D]. 南京：南京农业大学.

葛均筑，徐莹，袁国印，等，2016，覆膜对长江中游春玉米氮肥利用效率及土壤速效氮素的影响 [J]. 植物营养与肥料学报，22（2）：296-306.

何华，康绍忠，曹红霞，2002. 限域供应 NO_3^- 对玉米根系形态及其吸收的影响 [J]. 西北农林科技大学学报，30（1）：5-8.

韩艳丽，康绍忠，2001. 控制性交替灌溉对玉米养分吸收的影响 [J]. 灌溉排水学报，20（2）：5-7.

韩艳丽，康绍忠，2002. 根系分区交替灌水对玉米吸收养分影响的初步研究 [J]. 农业工程学报，18（1）：57-60.

胡田田，康绍忠，2004. 植物抗旱性中的补偿效应及其在农业节水中的应用 [J]. 生态学报，25（4）：885-891.

胡田田，康绍忠，高明霞，等，2004. 玉米根系分区交替供应水、氮的效应与高效利用机理 [J]. 作物学报，30（9）：866-871.

胡田田，康绍忠，张富仓，2005. 局部灌水方式对玉米不同根区氮素吸收与利用的影响 [J]. 中国农业科学，38（11）：2290-2295.

胡田田，2005. 玉米水氮吸收利用对根区局部供应方式的响应及其作用机理 [D]. 咸阳：西北农林科技大学.

胡田田，康绍忠，原丽娜，等，2008. 根区湿润方式对玉米根系生长发育的影响 [J]. 生态学报，28（12）：6181-6188.

胡田田，张美玲，康绍忠，2011. 局部灌水施肥条件下玉米根区土壤水分动态变化特征 [J]. 干旱地区农业研究，29（1）：1-6.

胡梦芸，门福圆，张颖君，等，2016. 水氮互作对作物生理特性和氮素利用影响的研究进展 [J]. 麦类作物学报，36（3）：332－340.

黄春燕，李伏生，覃秋兰，等，2004. 两种施肥水平下根区局部灌溉对甜玉米水分利用的效应 [J]. 节水灌溉，6：8－11.

黄振喜，王永军，王空军，等，2007. 产量 15000kg/hm² 以上夏玉米灌浆期间的光合特性 [J]. 中国农业科学，40（9）：1898－1906.

黄智鸿，王思远，包岩，等，2007. 超高产玉米品种干物质积累与分配特点的研究 [J]. 玉米科学，15（3）：95－98.

何萍，金继运，林葆，1998. 氮肥用量对春玉米叶片衰老的影响及其机理研究 [J]. 中国农业科学，31（3）：66－71.

缴锡云，彭世彰，2004. Jensen 模型敏感指数出现负值的原因及求解方法 [J]. 沈阳农业大学学报，35（5）：439－442.

巨晓棠，张福锁，2003a. 关于氮肥利用率的思考 [J]. 生态环境，12（2）：192－197.

巨晓棠，张福锁，2003b. 中国北方土壤硝态氮的累积及其对环境的影响 [J]. 生态环境，12（1）：24－25.

巨晓棠，潘家荣，刘学军，等，2003. 北京郊区冬小麦/夏玉米轮作体系中氮肥去向研究 [J]. 植物营养与肥料学报，9（3）：264－270.

康绍忠，张建华，1997. 控制性交替灌溉：一种新的农田节水思路 [J]. 干旱地区农业研究，15（1）：1－5.

康绍忠，蔡焕杰，2002. 作物根系分区交替灌溉和调亏灌溉的理论与实践 [M]. 北京：中国农业出版社.

康绍忠，2004. 农业节水灌溉：生态与科技联姻生态节水的走势 [N]. 中国水利报，2004－10－9.

康绍忠，粟晓玲，杜太生，等，2009. 西北旱区流域尺度水资源转化规律及其节水调控模式——以甘肃石羊河流域为例 [M]. 北京：中国水力水电出版社.

李合生，2000. 植物生理生化实验原理和技术 [M]. 北京：高等教育出版社.

李彩霞，陈晓飞，王铁良，等，2007. 控制性交替灌溉对玉米根系层水分在分布与产量的影响 [J]. 农业工程学报，23（11）：59－64.

李培玲，张富仓，贾运岗，2010. 不同沟灌方式对棉花氮素吸收和氮肥利用的影响 [J]. 植物营养与肥料学报，16（1）：145－152.

李青军，张炎，胡伟，等，2014. 滴灌施肥对玉米生长发育、养分吸收及产量的影响 [J]. 高效施肥，31：7－13.

李韵珠，王凤仙，刘来华，1999. 土壤水氮资源的利用与管理 I. 土壤水氮条件与根系生长 [J]. 植物营养与肥料学报. 5（3）：206－213.

李世清，李生秀，1994. 水肥配合对玉米产量和肥料效果的影响 [J]. 干旱地区农业研究，12（1）：47－53.

李霆，康绍忠，粟晓玲，2005. 农作物优化灌溉制度及水资源分配模型的研究进展 [J]. 西北农林科技大学学报，33（12）：148－152.

李志军，张富仓，康绍忠，2005. 控制性根系分区交替灌溉对冬小麦水分与养分利用的影响 [J]. 农业工程学报，21（8）：17－21.

李广浩，赵斌，董树亭，等，2015. 控释尿素水氮耦合对夏玉米产量和光合特性的影响 [J].

作物学报，41（9）：1406-1415.

李广浩，刘平平，赵斌，等，2017. 不同水分条件下控释尿素对玉米产量和叶片衰老特性的影响［J］. 应用生态学报，28（2）：571-580.

李香颜，刘忠阳，李彤霄，2011. 淹水对河南省不同地区夏玉米生长及产量的影响［J］. 安徽农业科学，39（32）：19849-19851.

李玲，张春雷，张树杰，等，2011. 渍水对冬油菜苗期生长及生理的影响［J］. 中国油料作物学报，33（3）：247-252.

李强，武文明，彭晨，等，2019. 增施氮肥对玉米植株氮积累量和器官氮含量的影响［J］. 安徽农业科学，47（19）：173-174，182.

李英豪，张政，朱吉祥，等，2020. 管渠自动控水灌溉施氮量对夏玉米产量、氮素吸收利用的影响［J］. 灌溉排水学报，2020，39（5）：35-41.

李中恺，刘鹄，赵文智，2018. 作物水分生产函数研究进展［J］. 中国生态农业学报，26（12）：1781-1794.

梁继华，李伏生，唐梅，等，2006. 分根区交替灌溉对盆栽甜玉米水分及氮素利用的影响［J］. 农业工程学报，22（10）：68-72.

梁鹏，郭德胜，刘德峻，等，2020. 拔节期渍水后施用尿素对小麦产量和光合物质生产的影响［J］. 麦类作物学报，40（2）：202-209.

梁宗锁，康绍忠，石培泽，等，2000a. 隔沟交替灌溉对玉米根系分布和产量的影响及其节水效益［J］. 中国农业科学，33（6）：26-32.

梁宗锁，康绍忠，高俊凤，等，2000b. 分根交替渗透胁迫与脱落酸对玉米根系生长和蒸腾效率的影响［J］. 作物学报，26（2）：250-255.

刘庚山，郭安红，任三学，等，2003. 人工控制有限供水对冬小麦根系生长及土壤水分利用的影响［J］. 生态学报，23（11）：2342-2352.

刘小刚，张富仓，田育丰，等，2008. 水氮处理对玉米根区水氮迁移和利用的影响［J］. 农业工程学报，24（11）：19-24.

刘小刚，张富仓，杨启良，等，2011. 不同沟灌方式下玉米根区矿物氮迁移动态研究［J］. 中国生态农业学报，19（3）：540-547.

刘桃菊，戚昌瀚，段舜山，2002. 水稻根系建成与产量及其构成关系的研究［J］. 中国农业科学，35（11）：1416-1419.

刘玉洁，李援农，潘韬，等，2009. 不同灌溉制度对覆膜春玉米的耗水规律及产量的影响［J］. 干旱地区农业研究，27（6）：67-71.

刘作新，郑昭佩，王建，2000. 辽西半干旱区小麦、玉米水肥耦合效应研究［J］. 应用生态学报，11（4）：540-544.

刘战东，肖俊夫，南纪琴，等，2010. 淹涝对夏玉米形态、产量及其构成因素的影响［J］. 人民黄河，32（12）：157-159.

刘明，张忠学，郑恩楠，等，2018. 不同水氮管理模式下玉米光合特征和水氮利用效率试验研究［J］. 灌溉排水学报，37（12）：27-34.

刘见，宁东峰，泰安振，等，2020. 氮肥减量后移对喷灌玉米产量和水氮利用效率的影响［J］. 灌溉排水学报，39（3）：42-49.

刘波，魏全全，鲁剑巍，等，2017. 苗期渍水和氮肥用量对直播冬油菜产量及氮肥利用率的影响［J］. 植物营养与肥料学报，23（1）：144-153.

吕爱枝，牛瑞明，吴文荣，等，2007. 冀西北高原不同土壤类型对饲用玉米产量及水分利用率的影响 [J]. 河北北方学院学报，23（5）：12-15.

马存金，刘鹏，赵秉强，等，2014. 施氮量对不同氮素效率玉米品种根系时空分布及氮素吸收的调控 [J]. 植物营养与肥料学报，20（4）：845-859.

茆智，崔远来，董斌，等，2002. 水稻高效节水与持续高产的灌排技术 [J]，水利水电技术，33（2）：65-67.

穆兴民，1999. 水肥耦合效应与协同管理 [M]. 北京：中国林业出版社.

农梦玲，李伏生，刘水，2010. 局部灌溉和氮、钾水平对玉米干物质积累和水肥利用的影响 [J]. 植物营养学报，16（6）：1539-1545.

宁东峰，秦安振，刘战东，等，2019. 滴灌施肥下水氮供应对夏玉米产量、硝态氮和水氮利用效率的影响 [J]. 灌溉排水学报，38（9）：28-35.

彭世章，边立明，朱成立，2000. 作物水分生产函数的研究与发展 [J]. 水利水电科技进展，20（1）：17-20.

潘英华，康绍忠，2000. 交替隔沟灌溉土壤水分入渗规律及其对作物水分利用的影响 [J]. 农业工程学报，21（7）：1-5.

潘英华，康绍忠，等，2002. 交替隔沟灌溉土壤水分时空分布与灌水均匀性研究 [J]. 中国农业科学，35（5）：531-535.

邱林，陈守煜，张振伟，等，2001. 作物灌溉制度设计的多目标优化模型及方法 [J]. 华北水利水电学院学报，22（3）：90-93.

漆栋良，胡田田，吴雪，等，2015. 适宜灌水施氮方式利于玉米根系生长提高产量 [J]. 农业工程学报，31（11）：144-149.

漆栋良，胡田田，2017. 灌水施氮方式对玉米生育期土壤 $NO_3^- - N$ 时空分布的影响 [J]. 农业机械学报，48（2）：279-287.

漆栋良，胡田田，宋雪，2018. 适宜灌水施氮方式提高制种玉米产量及水氮利用效率 [J]. 农业工程学报，34（21）：98-104.

漆栋良，胡田田，宋雪，2019. 交替隔沟灌溉制度对制种玉米耗水规律和产量的影响. 农业工程学报，35（14）：64-70.

齐文增，刘惠惠，李耕，等，2012. 超高产夏玉米根系时空分布特性 [J]. 植物营养与肥料学报，18（1）：69-76.

齐文增，陈晓璐，刘鹏，等，2013. 超高产夏玉米干物质与氮、磷、钾养分积累与分配特点 [J]. 植物营养与肥料学报，19（1）：26-36.

钱蕴壁，李英能，杨刚，等，2002. 节水农业新技术研究 [M]. 郑州：黄河水利出版社.

钱龙，王修贵，罗文兵，等，2015. 涝渍胁迫对棉花形态与产量的影响 [J]. 农业机械学报，46（10）：136-143，166.

宋海星，李生秀，2003. 玉米生长量、养分吸收量及氮肥利用率的动态变化 [J]. 中国农业科学，36（1）：71-76.

宋海星，李生秀，2005. 根系的吸收作用及土壤水分对硝态氮、氨态氮分布的影响 [J]. 中国农业科学，38（1）：96-101.

宋明丹，李正鹏，冯浩，2016. 不同水氮水平冬小麦干物质积累特征及产量效应 [J]. 农业工程学报，32（2）：119-126.

宋楚崴，曹宏鑫，张文宇，等，2018. 施肥和花期渍水胁迫对油菜产量及其形成影响的模型研究［J］．中国农业科学，51（4）：662-674．

时明芝，周保松，2006．植物涝害和耐涝机理研究进展［J］．安徽农业科学，34（2）：209-210．

孙景生，2002a．控制性交替隔沟灌溉的节水机理与作物需水量估算方法研究［D］．咸阳：西北农林科技大学．

孙景生，康绍忠，蔡焕杰，等，2002b．交替隔沟灌溉提高农田水分利用效率的节水机理［J］．水利学报，（3）：64-68．

山仑，1994．植物水分利用效率和半干旱地区农业节水［J］．植物生理学报，30（1）：61-66．

谭军利，王林权，李生秀，2005．不同灌溉模式下水分养分的运移及其利用［J］．植物营养与肥料学报，11（4）：442-448．

谭军利，王林权，王西娜，等，2010．水肥异区交替灌溉对夏玉米生理指标的影响［J］．西北植物学报，30（2）：344-349．

王启现，王璞，王秀玲，等，2006．黄淮海平原玉米施氮量对后茬小麦土壤剖面硝态氮和产量的影响［J］．生态学报，07：2275-2280．

王能超，1984．数值分析简明教程［M］．北京：高等教育出版社．

王春晖，祝鹏飞，束良佐，等，2014．分根区交替灌溉和氨形态影响土壤硝态氮的迁移利用［J］．农业工程学报，30（11）：92-101．

王延宇，王鑫，赵淑梅，等，1998．玉米各生育期土壤水分与产量关系的研究［J］．干旱地区农业研究，16（1）：100-105．

王玉贞，李维越，尹枝瑞，1999．玉米根系与产量关系的研究进展［J］．吉林农业科学，24（4）：6-8．

王海红，束良佐，周秀杰，等，2011．局部根区水分胁迫下氮对玉米生长的影响［J］．核农学报，25（1）：149-154．

王柏，孙艳玲，孙雪梅，2019．黑水区水肥一体灌溉化对玉米叶面积与叶绿素变化影响研［J］．水利科学与寒区工程，2（5）：16-22．

汪顺生，2004．控制性交替隔沟灌溉条件下夏玉米需水量的计算［D］．郑州：华北水利水电学院．

汪顺生，刘东鑫，王康三，等，2015．不同沟灌方式对夏玉米耗水特性及产量影响的模糊综合评判［J］．农业工程学报，31（24）：89-94．

汪耀富，蔡寒玉，张晓海，等，2006．分根交替灌溉对烤烟生理特性和烟叶产量的影响［J］．干旱地区农业研究，24（5）：93-98．

吴永成，王志敏，周顺利，2011．[15]N标记和土柱模拟的夏玉米氮肥利用特性研究［J］．中国农业科学，44（12）：2446-2453．

武文明，李金才，陈洪俭，等，2011．氮肥运筹方式对孕穗期受渍冬小麦穗部结实特性与产量的影响［J］．作物学报，37（10）：1888-1896．

武文明，陈洪俭，李金才，等，2012．氮肥运筹对孕穗期受渍冬小麦旗叶叶绿素荧光与籽粒灌浆特性的影响［J］．作物学报，38（6）：1088-1096．

吴立峰，杨秀霞，燕辉，2017．水分亏缺对苗期玉米生理特性的影响［J］．排灌机械工程学报，35（12）：1069-1074．

许迪，康绍忠，2002．现代节水农业技术研究进展与发展趋势［J］．高技术通讯，12：103-108．

肖俊夫，刘占东，陈玉民，2008．中国玉米需水量及需水规律研究［J］．玉米科学，16（4）：21-25．

肖娟，雷廷武，李光水，等，2004. 西瓜和蜜瓜咸水滴灌的作物系数和耗水规律 [J]. 水利学报，35（6）：119-124.

肖新，朱伟，杨露露，等，2012. 灌溉模式与施氮量对水稻需水规律及产量的影响 [J]. 南京农业大学学报，35（4）：27-31.

薛冯定，张富仓，索岩松，等，2013. 不同生育期亏水对河西地区春玉米生长、产量和水分利用效率的影响 [J]. 西北农林科技大学学报（自然科学版），41（5）：59-66.

薛亮，周春菊，雷杨莉，等，2008. 夏玉米交替灌溉施肥的水氮耦合效应研究 [J]. 农业工程学报，24（3）：91-94.

邢维芹，王林权，骆永明，等，2002. 半干旱地区玉米的水肥空间耦合效应研究 [J]. 农业工程学报，18（6）：46-49.

邢维芹，骆永明，王林权，等，2003a. 半干旱地区玉米的水肥空间耦合效应Ⅰ氮素的吸收和残留及其环境效应 [J]. 土壤，2：118-121.

邢维芹，王林权，李立平，等，2003b. 半干旱地区玉米的水肥空间耦合效应Ⅱ. 土壤水分和速效氮的动态分布 [J]. 土壤，35（3）：242-247.

邢换丽，周文彬，郝卫平，等，2020. 水分胁迫下氮素增加对玉米生长的抑制作用 [J]. 中国农业气象，41（4）：240-252.

徐祥玉，张敏敏，翟丙年，等，2010. 施氮对不同基因型夏玉米生理特性的影响 [J]. 干旱地区农业研究，28（6）：81-86.

徐国伟，王贺正，翟志华，等，2015. 不同水氮耦合对水稻根系形态生理、产量与氮素利用的影响 [J]. 农业工程学报，31（10）：132-141.

徐明杰，张琳，汪新颖，等，2015. 不同管理方式对夏玉米氮素吸收、分配及去向的影响 [J]. 植物营养与肥料学报，21（1）：36-45.

徐祥玉，张敏敏，翟丙年，等，2009. 施氮对不同基因型夏玉米干物质累积转移的影响 [J]. 植物营养与肥料学报，15（4）：786-792.

杨秀英，杜太生，潘英华，等，2003. 沙漠绿洲区不同灌水方式条件下玉米灌溉制度研究 [J]. 灌溉排水学报，22（3）：22-24.

杨荣，苏永中，2009. 水氮配合对绿洲沙地农田玉米产量、土壤硝态氮和氮平衡的影响 [J]. 生态学报，28（3）：1460-1469.

杨淑琴，周瑞莲，梁慧敏，等，2015. 沙漠植物抗氧化酶活性及渗透调节物质含量与光合作用的关系 [J]. 中国沙漠，35：1577-1564.

原丽娜，胡田田，2008. 局部施氮对玉米生理生化特性和产量的影响 [J]. 干旱地区农业研究，26（4）：49-5.

原丽娜，胡田田，康绍忠，等，2010. 局部灌水方式下玉米根系对干旱及复水的生理生化响应 [J]. 节水灌溉，9：15-23.

严红梅，汤维群，彭霄，等，2020. 苗期渍水条件下施氮量对直播油菜产量及氮素吸收利用的影响 [J]. 作物研究，34（6）：507-510.

闫伟平，谭国波，赵洪祥，等，2012. 吉林半干旱区不同灌溉方式对土壤水分变化及玉米产量的影响 [J]. 玉米科学，20（5）：111-114，120.

于保静，石培泽，杨秀英，等，2006. 干旱区大田玉米控制性交替隔沟灌溉需水量及需水规律研究 [J]. 甘肃省水利水电技术，42（3）：209-212.

于舜章，陈雨海，余松烈，等，2005. 沟播和垄作条件下冬小麦的土壤水分动态变化研究

［J］. 水土保持学报，19（2）：133－137.

于洲海，孙西欢，马娟娟，等，2009. 作物水肥耦合效应的研究综述［J］. 山西水利，（6）：45－47.

余叔文，陈景治，刘存德，等，1964. 小麦苗期千旱锻炼的效果问题及其生理基础［J］. 作物学报，3（2）：169－179.

余卫东，冯利平，盛绍学，等，2014. 黄淮地区涝渍胁迫影响夏玉米生长及产量［J］. 农业工程学报，30（13）：127－136.

晏军，吴启侠，朱建强，2017. 中稻灌浆期对淹水胁迫的响应及排水指标研究［J］. 灌溉排水学报，36（5）：59－65.

张丽娟，巨晓棠，高强，等，2005. 两种作物对土壤不同层次标记 NO_3^-－N 利用的差异［J］. 中国农业科学，38（2）：333－340.

张立勤，马忠明，王智琦，等，2012. 不同栽培模式下制种玉米的产量及水分生产效应［J］. 节水灌溉，12：43－45.

张立勤，马忠明，俄胜哲，2007. 垄膜沟灌栽培对制种玉米产量和水分利用效率的影响［J］. 西北农业学报，16（4）：83－86.

张芮，2007. 制种玉米膜下调亏滴灌优化灌溉制度及土壤水热高效利用研究［D］. 兰州：甘肃农业大学.

张芮，成自勇，2009. 调亏对膜下滴灌制种玉米产量及水分利用效率的影响［J］. 华南农业大学学报，30（4）：98－101.

张芮，成自勇，李有先，2009. 水分亏缺对膜下滴灌制种玉米生长及产量的影响干［J］. 旱地区农业研究，27（2）：125－128.

张淑勇，国静，刘炜，2011. 玉米苗期叶片主要生理生化指标对土壤水分的响应［J］. 玉米科学，19（5）：68－72，77.

张瑞富，杨恒山，毕文博，等，2011. 超高产栽培下氮肥运筹对春玉米干物质积累及转运的影响［J］. 作物杂志，1：41－44.

张振华，蔡焕杰，杨润亚，等，2004. 沙漠绿洲灌区膜下滴灌作物需水量及作物系数研究［J］. 农业工程学报，20（5）：97－100.

张展羽，李寿声，1993. 非充分灌溉制度的模糊优化设计［J］. 水利学报，（5）：38－43.

张忠学，张世伟，郭丹丹，等，2017. 玉米不同水肥条件的耦合效应分析与水肥配施方案寻优［J］. 农业机械学报，48（9）：206－214.

张文东，赵志成，李曼，等，2017. 交替滴灌对日光温室黄瓜光合作用及抗氧化酶活性的影响［J］. 植物生理学报，53（11）：1997－2006.

张仁和，郭东伟，张兴华，等，2012. 干旱胁迫下氮肥对玉米叶片生理特性的影响［J］. 玉米科学，20（6）：118－122.

钟兆站，赵聚宝，郁小川，等，2000. 中国北方主要旱地作物需水量的计算与分析［J］. 中国农业气象，21（2）：1－4.

邹娟，朱建强，吴启侠，等，2015. 氮磷钾施用对薹花期受渍油菜产量及养分吸收的影响［J］. 湖北农业科学，54（20）：4956－4959.

邹海洋，张富仓，张雨新，等，2017. 适宜滴灌施肥量促进河西春玉米根系生长提高产量［J］. 农业工程学报，33（21）：145－155.

周新国，韩会玲，李彩霞，等，2014. 拔节期淹水玉米的生理性状和产量形成［J］. 农业工程学报，30（9）：119 - 125.

周青云，李梦初，漆栋良，等，2020. 拔节期淹水条件下施氮量对春玉米生理特性的影响 [J]. 灌溉排水学报，39（S2）：40 - 44.

甄城，漆栋良，徐茵，等，2019. 拔节期淹水与施氮量互作对春玉米生长和产量的影响 [J]. 灌溉排水学报，38（S1）：1 - 5.

Ahmed S，Nawata E，Sakuratani E，2006. Changes of endogenous ABA and ACC，and their correlations to photosynthesis and water relations in mungbean（VignaradiateL. Wilczak cv. KPS1）during waterlogging [J]. Environmental Experiment Botany，57：278 - 284.

Ahmed S，Nawata E，Hosokawa M，et al.，2002. Alterations in photosynthesis and some antioxidant enzyme activities of mungbean subjected to waterlogging [J]. Plant Science，163：117 - 123.

Ashraf M，Rehman H M，1999. Interactive effects of nitrate and long-term waterlogging on growth，water relations，and gaseous exchange properties of maize（*Zea mays L.*）[J]. Plant Science，144：35 - 43.

Ashraf M，Habiburrehman，1999. Interactive effects of nitrate and long-term waterlogging on growth，water relations，and gaseous exchange properties of maize（*Zea mays L.*）[J]. Plant Science，144（1）：35 - 43.

Araki H，Hamada A，Hossain M A，et al.，2012. Waterlogging at jointing and/or after anthesis in wheat induces early leaf senescence and impairs grain filling [J]. Field Crops Research，137：27 - 36.

Ahmadi S H，Andersen M N，Plauborg F，2008. Potato root growth and distribution under three soil types and full，deficit and partial root zone drying irrigations [J]. Italian Journal of Agronomy，3：631 - 632.

Ahmadi S H，Plauborg F，Andersen M N，et al.，2011. Effect of irrigation strategies and soils on field grown potatoes：Root distribution [J]. Agricultural Water Management，98：1280 - 1290.

Al-Jamal M S，Sammis T W，Ball S，et al.，2000. Computing the crop water production function for onion [J]. Agricultural Water Management，46：29 - 41.

Anghinoni I，Barber S A，1980. Phosphorus influx and growth characteristics of corn roots as influenced by phosphorus supply [J]. Agronomy Journal，72：658 - 688.

Asseng S，Ritchie J T，Smucker A J，Robertson M J，1998. Root growth and water uptake during water deficit and recovering in wheat [J]. Plant and Soil，201：265 - 273.

Bandyopadhyay P K，Mallick S，2003. Actual evapotranspiration and crop coefficients of wheat under varying moisture levels of humid tropical canal command area [J]. Agricultural Water Management，59：33 - 37.

Benbi D K，1989. Effect of farm yard manure on water use in maize-wheat sequence under rain fed conditions [J]. Annual Biology，5（2）：147 - 152.

Bellman R E，Zadeh L A，1970. Decision - making in a fuzzy environment [J]. Management Science，17：141 - 164.

Benjamin J G，Havis H R，Ahuja L R，et al.，1994. Leaching and water flow patterns in every-furrow and alternate-furrow irrigation [J]. Soil Science Society of American Journal，

58: 1511 - 1517.

Benjamin J G, Porter L K, Duke H R, et al., 1997. Corn growth and nitrogen uptake with furrow irrigation and fertilizer bands [J]. Agronomy Journal, 89 (4): 609 - 612.

Benjamin J G. Porter L K, Duke H R, et al., 1998. Nitrogen movement with furrow irrigation and fertilizer band placement [J]. Soil Science Society of American Journal, 62: 1103 - 1108.

Benjiamin J G, Nielsen D C, 2006. Water deficit effects on root distribution of soybean, field pea and chickpea [J]. Field Crops Resarch. 97: 248 - 253.

Ben-Asher J, Silberbush M, 1992. Root distribution under trickle irrigation: Factors affecting distribution and comparison among methods of determination [J]. Journal of Plant Nutrition, 15 (6/7): 783 - 794.

Birth H F, 1958. The effect of soil drying on humus decomposition and nitrogen availability [J]. Plant Soil 10: 9 - 31.

Bennett J M, Mutti L S M, Rao, P C C, et al., 1989. Interactive effects of nitrogen and water stresses on biomass accumulation, nitrogen uptake, and seed yield of maize [J]. Field Crops Research, 19: 297 - 311.

Cakir R, 2004. Effect of water stress at different development stages on vegetative and reproductive growth of corn [J]. Field Crops Research, 89: 1 - 6.

Cassman K G, Dobermann A, Walters D T, 2003. Agroecosystems, nitrogen-use efficiency, and nitrogen management [J]. AMBIO: A Journal of the Human Environment, 31 (2): 132 - 140.

Casper B B, Jackson R B, 1997. Plant competition underground [J]. Annual Review of Ecology and Systematics, 28: 545 - 570.

Claassen M M, Show R H, 1970. Water deficit effects on corn. II. grain components [J]. Agronomy Journal, 62: 652 - 655.

Chikowo R, Mapfumo P, Nyamugafata P, 2003. Nitrate-N dynamics following improved fallows and maize root developmentin a Zimbawean sandy clay loam [J]. Agroforestry Systems, 59: 187 - 195.

Chakrabarty D, Chatterjee J, Datta S K, 2007. Oxidative stress and antioxidant activity as the basis of senescence in Chrysanthemum florets [J]. Plant Growth Regulation, 53: 107 - 115.

Chaves M M, Oliveira M M, 2004. Mechanisms underlying plant resilience to water deficits: prospects for water-saving agriculture [J]. Journal of Experimental Botany, 55 (407): 2365 - 2384.

Cox W J, Kalonge S, Cherney D J R, et al., 1993. Growth, yield and quality of forage maize under different nitrogen management practices [J]. Agronomy Journal, 85: 341 - 347.

Chu G, Chen T T, Wang Z Q, et al., 2014. Marphological and physiological traits of roots and their relationships with water productivity in water saving and drought - resistant rice [J]. Field Crops Research, 162: 108 - 119.

Dagdelen N, Yilmaz E, Sezgin F, et al., 2006. Water-yield relation and water use efficiency of cotton and second crop corn in western Turkey [J]. Agricultural Water Management, 82: 63 - 85.

Davies W J, Zhang J, 1991. Roots signals and the regulation of growth and development of plants in drying soil [J]. Annual reviews of Plant Physiology and Plant Molecular Biology, 42: 55 - 76.

Davies W J, Zhang J, Yang J, et al., 2011. Novel crop science to improve yield and resource use efficiency in water-limited agriculture [J]. Journal of Agricultural Science, 149: 123 - 131.

Dodd I C, 2007. Soil moisture heterogeneity during deficit irrigation alters root-to-shoot signaling of abscisic acid [J]. Functional Plant Biology, 34: 439 - 448.

Dodd I C, 2009. Rhizosphere manipulations to maximize 'crop per drop' during deficit irrigation [J]. Journal of Experimental Botany, 60: 2454 - 2459.

Drew M C, Saker L R, Ashley T W, 1973. Nutrient supply and the growth of the seminal root system in barley. I. The effect of nitrate concentration on the growth axes and laterals [J]. Journal of Experimental Botany, 1973, 24: 1189 - 1202.

Dry P R, Loveys B R, 1998. Factors influencing grapevine vigour and the potential for control with partial root zone drying [J]. Australian Journal of Grape and Wine Research, 4: 140 - 148.

Dudley N J, Howell DD, Musgrave W F, 1971. Optimal intraseasonal irrigation water allocation [J]. Water Resources Research, 7: 770 - 788.

Du T S, Kang S Z, Zhang J H, et al., 2008. Water use and yield responses of cotton to alternate partial root-zone drip irrigation in the arid area of north-west China [J]. Irrigation Science, 26: 147 - 159.

Du T S, Kang S Z, Sun J S, et al., 2010. An improved water use efficiency of cereals under temporal and spatial irrigation in north China [J]. Agricultural Water Management, 97: 66 - 74.

Du T S, Kang S Z, Zhang J H, et al., 2015. Deficit irrigation and sustainable water-resource strategies in agriculture for China's food security [J]. Journal of Experimental Botany, 66: 2253 - 2269.

Dugo V G, Durand J L, Gastal F, 2010. Water deficit and nitrogen nutrition of crops [J]. A review. Agronomy sustainable development, 30: 529 - 544.

Engelaar W M H G, Matsumaru T, Yoneyama T, 2000. Combined effects of soil waterlogging and compaction on rice (Oryza sativa L.) growth, soil aeration, soil N transformations and ^{15}N discrimination [J]. Biology and Fertility of Soils, 32 (6): 484 - 493.

Earl H J, Davis R F, 2003. Effect of drought stress on leaf and whole canopy radiation use efficiency and yield of maize [J]. Agronomy Journal. 95: 688 - 696.

Eck H V, 1984. Irrigated corn yield response to nitrogen and water [J]. Agronomy Journal, 76: 421 - 428.

Eghball B, Maranville J W, 1993. Root development and nitrogen influx of corn genotypes grown under combined drought and nitrogen stresses [J]. Agronomy Journal, 85: 147 - 152.

English M J, 1990. Deficit irrigation. I. Analytical framework [J]. Irrigation Drainage and Engineering, 116: 399 - 410.

Fageria N K, Baligar V C, 2005. Enhancing nitrogen use efficiency in crop plants [J]. Advance in Agronomy, 88: 97 - 184.

Farre I, Faci J M, 2006. Comparative response of maize and sorghum to deficit irrigation in a

Mediterranean environment [J]. Agricultural Water Management, 83: 135 - 143.

Flinn J C, Musgrave W F, 1967. Development and analysis of input - out relations for irrigation water [J]. Australian Journalof Agricultural Economics, 11: 1 - 19.

Forde B, Lorenzo H, 2001. The nutritional control of root development [J]. Plant and Soil, 232: 51 - 68.

Foyer C H, Descourviers P, Kunert K J, 1994. Protection against oxygen radicals: An important defense mechanism studied in transgenic plants [J]. Plant, Cell and Environment, 17: 507 - 523.

Gerwitz A, Page E R, 1974. An empirical mathematical model to describe plant root systems [J]. Journal Applied Ecology, 11: 773 - 381.

Gollan T, Schurr U, Schulze E D, 1992. Stomatal response to drying soil in relation to changes in the xylem sap concentration of Helianthus annuus. 1. The concentration of cations, anions, amino acids in, and pH of the xylem sap [J]. Plant Cell and Environment, 15: 551 - 559.

Garnczarska M, Bednarski W, 2004. Effect of a short-term hypoxic treatment followed by re - aeration on free radicals level and antioxidative enzymes in lupine roots [J]. Plant Physiology and Biochemistry, 42: 233 - 240.

Ghahraman B, Sepashkhah A R, 2002. Optimal allocation of water from a single purpose reservoir to an irrigation project with pre-etermined multiple cropping patterns [J]. Irrigation Science, 21: 127 - 137.

Gheysari M, Mirlatifi S M, Bannayan M, et al. , 2009. Interaction of water and nitrogen on maize grown for silage [J]. Agricultural Water Management, 96: 809 - 821.

Graterol Y. van E, Eisenhauer D E, Elmore R W, 1993. Alternate-furrow irrigation for soybean production [J]. Agricultural Water Management, 24: 133 - 145.

Grimes D W, Walhood V T, Dickens W L, 1968. Alternate-furrow irrigation for San Joaquin Valley cotton [J]. California Agriculture, 22: 4 - 6.

Huang B, Johnson J W, Nesmith S, et al. , 1994. Growth, physiological and anatomical responses of two wheat genotypes to waterlogging and nutrient supply [J]. Journal of Experimental Botany, 45: 193 - 202.

Han K, Yang Y, Zhou C J, et al. , 2014. Management of furrow irrigation and nitrogen application on summer maize [J]. Agronomy Journal, 106 (4): 1402 - 1410.

Han K, Zhou C J, Sheng H Y, et al. , 2015. Agronomic improvements in corn by alternating nitrogen and irrigation to various plant densities [J]. Agronomy Journal, 107: 93 - 103.

Hawkins B S, Peacock H A, 1968. Effects of skip-row culture on agronomic andfiber properties of upland cotton varieties [J]. Agronomy Journal, 60: 189 - 191.

Hati K M, Mandal K G, Mishra A K, et al. , 2001. Effect of irrigation regimes and nutrient management on soil water dynamics, evapotranspiration and yield of wheat in vertisols [J]. Indian Journal of Agricultural Science, 71: 581 - 586.

Hirel B, Gouis J L, Ney B, et al. , 2007. The challenge of improving nitrogen use efficiency in crop plants: Towards a more central role for genetic variability and quantitative genetics within integrated approaches [J]. Journal of Experimental Botany, 58: 2369 - 2387.

Hodge C A, Popovid, N N, 1994. Pollution control in Fertilizer Production [M]. New York: CRC Press.

Howell T A, Schneider A D, Evett S R, 1997. Subsurface and surface micro irrigation of corn, Southern High Plains [J]. Transition ASAE, 40 (3): 635 - 641.

Hu T T, Kang S Z, Li F S, et al., 2009. Effects of partial root-zone irrigation on the nitrogen absorption and utilization of maize [J]. Agricultural Water Management, 96: 208 - 214.

Hu T T, Yuan L N, Wang J W, et al., 2010. Antioxidation responses of maize roots and leaves to partial root-zone irrigation [J]. Agricultural Water Management, 98: 164 - 171.

Hu T T, Kang S Z, Li F S, et al., 2011. Effects of partial root-zone irrigation on hydraulic conductivity in the soil-root system of maize plants [J]. Journal of Experimental Botany, 62: 4163 - 4172.

Hussaini M A, Ogunlela V B, Ramalan A A, et al., 2002. Productivity and water use in maize (Zea mays L.) as influenced by nitrogen, phosphorus and irrigation levels [J]. Crop Research, 23 (2): 228 - 234.

Igbadun H E, Taribno A R, Salim B A, et al., 2007. Evaluation of selected crop water production for an irrigated maize crop [J]. Agricultural Water Management, 94: 1 - 10.

Jackson R B, Caldwell M M, 1993a. The scale of nutrient het erogeneity around individual plants and its quantification with geostatistics [J]. Ecology, 74: 612 - 614.

Jackson R B, Caldwell M M, 1993b. Geostatistical patterns of soil heterogeneity around individual perennial plants [J]. Journal of Ecology, 81: 683 - 692.

Jama A O, Ottman M J, 1993. Timing of the first irrigation in corn and water stress conditioning [J]. Agronomy Journal, 85: 1159 - 1164.

Jiang D, Fan X M, Dai T B, et al., 2008. Nitrogen fertiliser rate and post-anthesis waterlogging effffects on carbohydrate and nitrogen dynamics in wheat [J]. Plant and Soil, 304: 301 - 304.

Jia D Y, Dai X L, Men H W, et al., 2014. Assessment of winter wheat grown under alternate furrow irrigation in northern China: Grain yield and water use efficiency [J]. Canadian Journal of Plant Science, 94: 349 - 359.

Kang S Z, Liang Z S, Hu W, et al., 1998. Water use efficiency of controlled root-division alternate irrigation on maize Plant [J]. Agricultural Water Management, 38: 69 - 76.

Kang S Z, Liang Z S, Pan Y H, et al., 2000a. Alternate furrow irrigation for maize production in arid area [J]. Agricultural Water Management, 45: 267 - 274.

Kang S Z, Shi P, Pan Y H, et al., 2000b. Soil water distribution, uniformity and water use efficiency under alternate furrow irrigation in arid areas [J]. Irrigation Science, 19: 181 - 190.

Kang S Z, Shi W J, Cao H X, et al., 2002. Alternate watering in soil vertical profile improved water use efficiency of maize [J]. Field Crops Research, 77: 31 - 41.

Kang S Z, Zhang J H, 2004. Controlled alternate partial root-zone irrigation: its physiological consequences and impact on water use efficiency [J]. Journal of Experimental Botany, 407: 2437 - 2446.

Kirda C, Topcu S, Kaman H, et al., 2005. Grain yield response and N-fertilizer recovery of maize under deficit irrigation [J]. Field Crops Research, 93: 132 - 141.

Kirda C, Topcu S, Cetin M, et al., 2007. Prospects of partial root zone irrigation for increasing irrigation wateruse efficiency of major crops in the Mediterranean region [J]. Annals of Applied Biology, 150: 281 – 291.

Kobata T, Palta J A, Turner N C, 1992. Rate of development of postanthesis water deficits and grain filling of spring wheat [J]. Crop Science, 32: 1238 – 42.

Kraiser T, Gras D E, Gutiérrez A G, et al., 2011. A holistic view of nitrogen acquisition in plants [J]. Journal of experimental Botany, 62: 1455 – 1466.

Kresovic B, Tapanrova A, Tomic Z, et al., 2016. Grain yield and water use efficiency of maize as influenced by different irrigation regimes through sprinkler irrigation under temperate climate [J]. Agricultural Water Management, 169: 34 – 43.

Lehrch G A, Sojka R E, Westermann D T, 2000. Nitrogen placement, row spacing and furrow irrigation water positioning effects on corn yield [J]. Agronomy Journal, 92 (6): 1266 – 1275.

Lenka S, Singhn A K, Lenka N K, 2009. Water and nitrogen interaction on soil profile water extraction and ET in maize-wheat cropping system [J]. Agricultural Water Management, 96: 195 – 207.

Liang J H, Zhang J H, Wong M H, 1996. Effects of air-filled soil porosity and aeration on the initiation and growth of secondary roots of maize (*Zea mays*) [J]. Plant Soil, 186: 245 – 254.

Lincoln Z, Johannes M S, Michael D D, et al., 2009. Tomato yield, biomass accumulation, root distribution and irrigation water use efficiency on a sandy soil, as affected by nitrogen rate and irrigation scheduling [J]. Agricultural Water Management, 96: 23 – 34.

Linscott D L, Fox R L, Lipps R C, 1962. Corn root distribution and moisture extraction in relation to nitrogen fertilization and soil properties [J]. Agronomy Journal, 54: 185 – 189.

Lindquist J L, Arkebauer T J, Walters D T, et al., 2005. Maize radiation use efficiency under optimal growth conditions [J]. Agronomy Journal, 97: 72 – 78.

Liu C M, Zhang X Y, Zhang Y Q, 2002. Determination of daily evaporation and evapotranspiration of winter wheat and maize by large-scale weighting lysimeter and micrio-lysimeter [J]. Agricultural and Forest Meteorology, 111: 109 – 120.

Liu F L, Jensen C R, Shahnazari A, et al., 2005. ABA regulated stomatal control and photosynthetic water use efficiency of potato (*Solanum tuberosum L.*) during progressive soil drying [J]. Plant Science, 168: 831 – 836.

Li F S, Liang J H, Kang S Z, et al., 2007. Benefits of alternate partial root-zone irrigation on growth, water and nitrogen use efficiencies modified by fertilization and soil water status in maize [J]. Plant Soil, 295: 279 – 291.

Li Q Q, Dong B D, Qiao Y Z, et al., 2010a. Root growth, available soil water, and water-use efficiency of winter wheat under different irrigation regimes applied at different growth stages in North China [J]. Agricultural Water Management, 97: 1676 – 1682.

Li S E, Kang S Z, Li F S, et al., 2010b. Evapotranspiration and crop coefficient of spring maize with plastic mulch using eddy covariance in northwest China [J]. Agricultural Water Management, 95: 1214 – 1222.

Li S X, Wang C H, Malhi S S, et al., 2009. Nutrient and water management effect on crop production, and nutrient and water use efficiency in dryland areas of China [J]. Advance in Agronomy, 102: 223 – 265.

Li S X，Wang Z H，Li S Q，et al.，2015. Effect of nitrogen fertilization under plastic and non-plastic mulched conditions on water use by maize plants in dryland areas of China [J]. Agricultural Water Management，162：15-32.

Li G H，Zhao B，Dong S T，et al.，2020. Controlled-release urea combining with optimal irrigation improved grain yield，nitrogen uptake，and growth of maize [J]. Agricultural Water Management，227：105834.

Lindquist J L，Arkebauer T J，Walters D T，et al.，2005. Maize Radiation Use Efficiency under optimal growth conditions [J]. Agronomy Journal，97：72-78.

Mackey A D，Barber S S，1987. Effect of cyclic wetting and drying of a soil on root hair growth of maize roots [J]. Plant and Soil，104：291-293.

Mackown C T，Van Sanford D A，Zhang N，1992. Wheat vegetative nitrogen compositional changes in response to redialed reproductive sink strength [J]. Plant Physiology，99（4）：1469-1474.

Markwell R C，Ostermn J C，Mitchell J L，1995. Calibration of the Minolta *SPAD* -502 leaf chlorophyll meter [J]. Photosynthesis Research，46：467-472.

Mingo D M，Theobald J C，Bacon M A，et al.，2004. Biomass allocation in tomato（Lycopersicon esculentum）plants grown under partial root zone drying：enhancement of root growth [J]. Function Plant Biology，31：971-978.

Moser S B，Feil B，Jampatong S，et al.，2006. Effects of pre-anthesis drought，nitrogen fertilizer rate，and variety on grain yield，yield components，and harvest index of tropical maize. Agricultural Water Management，81：41-58.

Masoni A，Pampana S，Arduini I，2016. Barley response to waterlogging duration at tillering [J]. Crop Science，56，2722-2730.

Mutava R N，Prince S J，Syed N H，et al.，2015. Understanding abiotic stress tolerance mechanisms in soybean：A comparative evaluation of soybean response to drought and flooding stress [J]. Plant Physiology and Biochemistry，86：109-120.

Muchow R C，1988. Effect of nitrogen supply on the comparative productivity of maize and sorghum in semiarid tropical environment I. Leaf growth and leaf nitrogen [J]. Field Crops Res. 18：1-16.

Musick J T，Dusek D A，1974. Alternate-furrow irrigation of fine textured soils [J]. Transaction ASAE，14：289-294.

Meyer W S，Barrs H D，Mosier A R，et al.，1987. Response of maize to three short-term periods of waterlogging at high and low nitrogen levels on undisturbed and repacked soil [J]. Irrigation Science，8：257-272.

Men S N，Chen H L，Chen S H，et al.，2020. Effects of supplemental nitrogen application on physiological characteristics，dry matter and nitrogen accumulation of winter rapeseed（*Brassica napus L.*）under waterlogging stress [J]. Scientific Reports，10：10201.

North G B，Nobel P S，1991. Changes in hydraulic conductivity and anatomy caused by drying and rewetting roots of Agave desert（Agavaceae）[J]. American Journal of Botany，78（7）：906-915.

148

North G B, Nobel P S, 1994. Changes in root hydraulic conductivity for two tropical epiphytic cacti as soil moisture Aries [J]. American Journal of Botany, 81 (1): 46 - 53.

Panda R K, Beherea S K, Kashyap P S, 2004. Effective management of irrigation water for maize under stress conditions [J]. Agricultural Water Management, 66: 181 - 203.

Pandey R K, Herrera W A T, Pendleton J W, 1984. Drought response of grain legumes under irrigation gradient: I. Yield and yield components [J]. Agronomy Journal, 76: 549 - 553.

Pandey R K, Maranville, J W, Chetima M M, 2000. Deficit irrigation and nitrogen effect on maize in a Sahelian environment. II. Shoot growth [J]. Agricultural Water Management, 46: 15 - 27.

Paolo E D, Rinaldi M, 2008. Yield response of corn to irrigation and nitrogen fertilization in a Mediterranean environment [J]. Field Crop Research, 105: 202 - 210.

Payero J O, Melvin S R, Irmak S, et al., 2006. Yield response of corn to deficit irrigation in a semi-arid climate [J]. Agricultural Water Management, 84: 101 - 112.

Qi D L, Hu T T, Liu T T, 2020a. Biomass accumulation and distribution, yield formation and water use efficiency responses of maize (*Zea mays L.*) to nitrogen supply methods under partial root-zone irrigation [J]. Agricultural Water Management, 230: 105981.

Qi D L, Hu T T, Song X, 2020b. Effect of nitrogen application rates and irrigation regimes on grain yield and water use efficiency of maize under alternate partial root-zone irrigation [J]. Journal of Integrative Agriculture, 19 (11): 2792 - 2806.

Rhenals A E, Bras R L, 1981. The irrigation scheduling problem and evapotranspiration uncertainty [J]. Water Resource Research, 17: 1328 - 1339.

Ritchie S W, Hanway J J, 1982. How a corn plant develops [R]. Special Report 48. American, IA: Review Iowa State University Cooperation Extensive Service.

Robinson D, 1994. The responses of plants to non-uniform supplies of nutrients [J]. New Phycologist, 127: 635 - 674.

Ren B Z, Zhang J W, Dong S T, et al., 2016. Root and shoot responses of summer maize to waterlogging at different stages [J]. Agronomy Journal, 108 (3): 1060 - 1069.

Ren B Z, Dong S T, Zhao B, et al., 2017. Responses of nitrogen metabolism, uptake and translocation of maize to waterlogging at different growth stages [J]. Frontiers in Plant Science, 8: 1216.

Ren B Z, Hu J, Zhang J W, et al., 2020. Effects of urea mixed with nitrapyrin on leaf photosynthetic and senescence characteristics of summer maize (*Zea mays L.*) waterlogged in the field [J]. Journal of Integrative Agriculture, 19 (6): 1586 - 1595.

Sadras V O, 2009. Does partial root-zone drying improve irrigation water productivity in the field? A meta-analysis [J]. Irrigation Science, 27: 183 - 190.

Steffens D, Hütsch B W, Eschholz T, et al., 2005. Waterlogging may inhibit plant growth primarily by nutrient deficiency rather than nutrient toxicity [J]. Plant Soil Environment, 51: 545 - 552.

Sepaskhah A R, Ahmadi S H, 2010. A review on partial root-zone drying irrigation [J]. International Journal of Plant Production, 4: 241 - 258.

Schepers J S, Blackmer T M, Francis D D, 1992. Predicting fertilizer needs for corn in humid

149

regions: using chlorophyll meters. In B. R. Bock and K. R. Kelley (ed.) National Fert. and Environ. Res. Cen. Bull. Y - 226, Muscles shoal, AL. 7 - 27.

Skinner R H, Hanson J D, Benjamin J G, 1998. Root distribution following spatial separation of water and nitrogen supply in furrow irrigated corn [J]. Plant and Soil, 199 (2): 187 - 194.

Skinner R H, Han J D, Benjamin J G, 1999. Nitrogen uptake and portioning under alternate and every-furrow irrigation [J]. Plant soil, 210: 11 - 20.

Sun H Y, Liu C M, Zhang X Y, et al., 2006. Effects of irrigation on water balance, yield and WUE of winter wheat in the North China Plain [J]. Agricultural Water Management, 85: 211 - 218.

Stone P J, Wilson D R, Reid J B, et al., 2001. Water deficit effects on sweet corn. I. Water use, radiation use efficiency, growth, and yield [J]. Australia Journal of Agricultural Research, 52: 103 - 113.

Sairam R K, Kumutha D, Ezhilmathi K, et al., 2008. Physiology and biochemistry of water-logging tolerance in plants [J]. Biologia Plantarum, 52: 401 - 412.

Smethurst C F, Garnett T, Shabala S, 2005. Nutritional and chlorophyll fluorescence responses of lucerne (Medicago sativa) to waterlogging and subsequent recovery [J]. Plant and Soil, 270 (1): 31 - 45.

Tsai C Y, Huber D M, Glover D V, et al., 1984. Relationship of N deposition to grain yield and N responses of three maize hybrids [J]. Crop Science. 24: 277 - 281.

Tang L S, Li Y, Zhang J H, 2010. Partial root zone irrigation increase water use efficiency, maintains yield and enhance economic profit of cotton in arid area [J]. Agricultural Water Management, 97: 1527 - 1533.

Tesha A J, Eck P, 1983. Effect of nitrogen rate and water tress on growth and water relationship on young sweet corn plants [J]. Journal of American Society of Horticulture Science, 108: 1049 - 1053.

Tsegaye T, Stone J F, Reeves H E, 1993. Water use characteristics of wide-spaced furrow irrigation [J]. Soil Science Society of American Journal, 57: 240 - 245.

Tian Q Y, Chen F J, Liu J L, 2008. Inhibition of maize root growth by high nitrate supply is correlated with reduced IAA levels in roots [J]. Journal of Plant Physiology, 165: 942 - 951.

Tian G L, Qi D L, Zhu J Q, et al., 2021. Effects of nitrogen fertilizer rates and waterlogging on leaf physiological characteristics and grain yield of maize [J]. Archives of Agronomy and Soil Science, 67 (7): 863 - 875.

Traore S B, Carlson R E, Pilcher C D, et al., 2000. Bt and Non-Bt maize growth and development as affected by temperature and drought stress [J]. Agronomy Journal, 92: 1027 - 1035.

Turner N C, 1997. Further progress in crop water relations [J]. Advances in Agronomy, 58: 293 - 338.

Voesenek L, Sasidharan R, 2013. Ethylene and oxygen signalling drive plant survival during flooding [J]. Plant Biology, 15: 426 - 435.

Wakrim R, Wahbi S, Tahi B, et al., 2005. Comparative effects of partial root drying (PRD) and regulated deficit irrigation (RDI) on water relations and water use efficiency in common bean [J]. Agriculture Ecosystems & Environment. 106: 275 - 287.

Wang C Y, Liu W X, Li Q X, et al., 2014. Effects of different irrigation and nitrogen regimes on root growth and its correlation with above-ground plant parts in high-yielding wheat under field conditions [J]. Field Crops Research, 165: 138 – 149.

Wang, H Q, Liu, F L, Andersen M N, et al., 2009. Comparative effects of partial root-zone drying and deficit irrigation on nitrogen uptake in potatoes (*Solanum tuberosum L.*) [J]. Irrigation Science, 27: 443 – 447.

Wang J F, Kang S Z, Li F L, et al., 2008. Effects of alternate partial root-zone irrigation on soil microorganism and maize growth [J]. Plant and Soil, 302: 45 – 52.

Wang L, de Kroon H, Smits A J M, 2007. Combined effects of partial root zone drying and patchy fertilizer placement on nutrient acquisition and growth of oilseed [J]. Plantand Soil, 295: 207 – 216.

Wang, Y S, Liu F L, Andersen M N, et al., 2010a. Improved plant nitrogen Nutrition contributes to higher water use efficiency in tomatoes under alternate partial root-zone irrigation [J]. Functional Plant Biology, 37: 175 – 182.

Wang Y S, Liu F L, Neergaard A D, et al., 2010b. Alternate partial root-zone irrigation induced dry/wet cycles of soils stimulate N mineralization and improve N nutrition in tomatoes [J]. Plant and Soil, 337: 167 – 177.

Wang Y S, Liu F L, Jensen L S, et al., 2013. Alternate partial root-zone irrigation improves fertilizer-N use efficiency in tomatoes [J]. Irrigation Science, 31: 589 – 598.

Wang Z C, Liu F L, Kang S Z, et al., 2012. Alternate partial root-zone drying irrigation improves nitrogen nutrition in maize (*Zea mays L.*) leaves [J]. Environmental and Experimental Botany, 75: 36 – 40.

Wright J L, 1982. New evapotranspiration crop coefficient [J]. Irrigation and Drainage, 108: 57 – 74.

Wu W M, Wang S J, Chen H J, et al., 2018. Optimal nitrogen regimes compensate for the impacts of seedlings subjected to waterlogging stress in summer maize [J]. PLoS ONE, 13 (10): e0206210.

Wu Xiaoli, Tang Yonglu, Li Chaosu, et al., 2018. Individual and combined effects of soil waterlogging and compaction on physiological characteristics of wheat in southwestern China [J]. Field Crops Research, 215: 163 – 172.

Xiang S R, Doyle A, Holden P A, et al., 2008. Drying and rewetting effects on C and N mineralization and microbial activity in surface and subsurface California grassland soils [J]. Soil Biology Biochemistry, 40: 2281 – 2289.

Xue Q, Zhu Z, Musick J T, et al., 2003. Root growth and water uptake in winter under deficit irrigation [J]. Plant and soil, 257: 151 – 161.

Yang C H, Chai Q, Huang G B, 2010. Root distribution and yield responses of wheat/maize intercropping to alternate irrigation in the arid areas of northwest China [J]. Plant Soil Environment, 56: 253 – 262.

Yang J C, Zhang J H, 2010. Crop management techniques to enhance harvest index in rice [J]. Journal of Experimental Botany, 61: 3177 – 3189.

Zhou W, Zhao D, Lin X, 1997. Effects of waterlogging on nitrogen accumulation and alleviation of waterlog damage by application of nitrogen fertilizer and mixtalol in winter rape (Brassica napus L.) [J]. Journal of Plant Growth Regulation, 16: 47–53.

Zaidi P H, Rafiques, Rai P K, et al., 2004. Tolerance to excess moisture in maize: susceptible crop stages and identification of tolerant genotypes [J]. Field Crops Research, 90 (2–3): 189–202.

Zaidi P H, Selvan P M, Sultana R, et al., 2007. Association between line per se and hybrid performance under excessive soil moisture stress in tropical maize (*Zea mays L.*) [J]. Field Crops Research, 101 (1): 117–126.

Zegbe J A, Behboudian M H, Clothier B E, 2004. Partial roctzone drying is a feasible option for irrigating processing tomatoes [J]. Agricultural Water Management, 68: 195–206.

Zeng Q P, Brown P H, 2000. Soil potassium mobility and uptake by corn under differential soil moisture regimes [J]. Plant and soil, 221: 121–134.

Zhu Z L, Chen D L, 2002. Nitrogen fertilizer use in China-contributions to food production, impacts on the environment and best management strategies [J]. Nutrient Cycling in Agroecosystems, 63 (2/3): 117–127.

Zhang L D, Guo L H, Zhang L X, 2012. Alternate furrow irrigation and nitrogen levels on migration and nitrate-nitrogen in soil and root growth of cucumber in solar-greenhouse [J]. Scientia Horticulturae. 138: 43–49.

Zhang J, Davies W J, 1989. Abscisic-acid produced in dehydrating roots may enable the plant to measure the water status of the soil [J]. Plant Cell and Environment, 12: 73–81.

Zhang X Y, Pei D, Chen S Y, 2004. Root growth and soil water utilization of winter wheat in the North China Plain [J]. Hydrological process, 18: 2275–2287.

Zhang X Y, Zhao L W, Sun H Y, et al., 2012. Incorporation of soil bulk density in simulating root distribution of winter wheat and maize in two contrasting soils [J]. Soil & Water Management & Conservation. 76: 638–647.

Zhang Y Q, Kendy E, Yu Q, et al., 2004. Effect of soil water deficit on evapotranspiration, crop yield, and water use efficiency in the North China Plain [J]. Agricultural Water Management, 64: 107–122.

Zhang G, Tanakamaru K, Abe J, et al., 2007. Influence of waterlogging on some anti–oxidative enzymatic activities of two barley genotypes differing in anoxia tolerance [J]. Acta Physiology Plant, 29: 171–176.

Zhang H, Xue Y G, Wang Z Q, et al., 2009. Morphological and physiological traits of roots and their relationships with shoot growth in "super" rice [J]. Field Crops Research, 113: 31–40.

Zhao W Z, Liu B, Zhang Z H, 2010. Water requirement of maize in the middle Heihe River basin, China [J]. Agricultural Water Management, 97: 215–223.

Zou H Y, Fan J L, Zhang F C, et al., 2020. Optimization of drip irrigation and fertilization regimes of high grain yield, crop water productivity and economic benefits of spring maize in Northwest China [J]. Agricultural Water Management, 230: 10598.